小学校6年分 + 中学校3年分

# 大人の算数やりなおしドリル

改訂版

÷ 1
2
% 9
4

笠倉出版社

# Contents

# 算数を学びなお

　大人になっても新しい分野や、自分が知らないことに対する興味がつきることはありません。リタイア後に大学に入学しなおす人がいれば、スキルを習得するためにパソコン教室に通う人もいます。私たち人間というものは、年齢に関係なく、"未知なるもの"を常に追い求める気質を持っているのかもしれません。

　算数という分野は、学生時代に苦手としていた人も多く（これはどの教科も同じですが）、教科書で学びながら、ノートに数字や式を書いていく作業がなくなってしまった大人にとっては、大仰な計算をあらためて行う機会が少ないテーマと言えます。√（ルート）の計算や二次方程式の問題をいざやってみようと思っても、触れていない時間が長かっただけに、そのやり方を忘れてしまっている人も多いでしょう。ある意味で仕方のないことです。

# すことの楽しさ！

　それだけに、あらためて算数を学びなおすことは、一種の"未知なるもの"を追い求める行為なのかもしれません。一度は習ったことなのに、長年触れてこなかったゆえにその内容をはっきりと思い出せない。ではもう一度やり方を理解してみよう。へえ、こんな計算だったのか。あらためてやってみると楽しいじゃないか。そんなふうに感じてもらえるのではないでしょうか。

　算数を学びなおす（勉強する）ことの楽しさの1つに、「計算をすれば、必ず答えがはっきりと出る」ことが挙げられます。1＋1＝2。4÷2＝2。これほどまでに明確に答えが出る教科は算数だけかもしれません。しっかりと計算の行程を理解し、それを実践することでキチンと答えを導くことができる。それが算数という教科の面白い点だと言えるでしょう。

　本書を読み進め、理解を深めて問題を解いていくうちに、「もっとたくさんの問題を解きたい」と思うはずです。それこそが算数が持つ楽しさの本質であり、魅力であり、私たち大人がチャレンジしたくなる理由ではないでしょうか。本書ではそんな"快感"や"達成感"をたくさん感じられるように、問題を数多く掲載しています。

　頭から進めても良いですし、気になる項目からチャレンジしても良いでしょう。算数の楽しさに気づくことで、本書を夢中になって解き進めていただけることを期待しています。

監修：竹内 薫

# 本書の使い方

◎本書は、見開き2ページで1つのテーマを学びなおし、
　さらに問題を解くまでを構成しています。

◎まずは左ページの「POINT」と「解説」を確認し、
　それぞれのページでどのような部分が重要となるのか、
　また解き方のコツをチェックしましょう。

◎手順に移り、実際の解き方を確認していきます。
　手順は「イ・ロ・ハ」順に解説しているので、
　順番を守りながら簡単な問題を通して解き方を学びなおしましょう。

◎その後に「計算してみよう」で実際の問題を解いてみます。
　算数の問題を数多く解いていくことで、手順やコツが自然と身についていきます。
　その感覚をぜひとも味わってみてください。

◎「計算してみよう」の答えはすぐ下にあります。なるべくなら見ずに問題に
　取り組みましょう。

◎それぞれの章の最後に「復習テスト」をもうけています。
　ここでは「小学校初級編」「小学校中級編」「小学校上級編」「中学校編」
　それぞれのテーマから、新規問題を掲載しています。
　少し難易度をアップさせていますので、
　"解きごたえ"のあるテストを堪能してください。(答えは章の最後のページ)

## ②POINT
監修の竹内先生による一言アドバイスです。
学びなおしに取り組む前に確認しておきましょう

## ①学ぶテーマ
この見開き2ページで学ぶ
テーマです

## ③学習ペースの目安
本書を1ヶ月で学び終えるにあたり、このページは
何日目にやれば良いのかを示しています。1日1
テーマの場合と2テーマの場合があります

## ⑤手順
実際に問題を解いていくための手順や順番です。
テーマによって手順1、手順2と分かれていること
がありますので、確認してみましょう

---

### Part 4

17日目/30日

# 並べ方と組み合わせ

POINT

「樹形図(じゅけいず)」を
用いて問題を解くときは、
数えやすくするために縦方向を
そろえて書きましょう。

**解説**

並べ方とは、起こりうる可能性(何通りか)を考える算数のことで、そこで
役に立つのが「樹形図(じゅけいず)」です。基本的に、百の位、十の位、
一の位にそれぞれ分けて、何通りできるかという図を作っていきます。

**手順①**

樹形図は縦をそろえて書こう

■1,3,5の3つの数を使って3けたの整数を作るとき、3けたの整数は全部で何通りできるでしょうか

百の位　　十の位　　一の位

```
   1 ── 3 ── 5
        5 ── 3
   3 ── 1 ── 5
        5 ── 1
   5 ── 1 ── 3
        3 ── 1
```

④ 樹形図を作成。百の位、十の位、一の位に分けて、
まずは「1」を百の位に入れる

回 十の位に「3」を入れてみる。すると自動的に一の位は
「5」になる。十の位に「5」を入れたら、一の位は「3」に

⑪ 同じように、百の位が「3」の場合と、
「5」の場合の樹形図を作成。全部で6通り

すべての場合を数えましょう♪

**手順②**

樹形図を使わない計算方法

■1,2,3,4と書かれたカードがあります。この中から、3枚のカードで3けたの整数を作るとき、整数は全部で何通りできますか

| 1 | 2 | 3 | 4 |

④ 百の位は、1か2か3か4の中から
1つの数を選べる=4通り

回 十の位は、百の位で選んだ数字以外の
3つから1つを選べる=3通り

⑪ 一の位は、百の位と十の位で選んだ数
以外の2つから1つを選べる=2通り

⊜ 4(通り)×3(通り)×2(通り)=24(通り)

組み合わせの場合
重複した組み合わせは省いてね

「並べ方」と「組み合わせ」の違いを理解し
ましょう。たとえば、「1-2」「2-1」という並べ
方を区別すると2通りです。組み合わせの
場合は"選ぶ"だけなので、「1-2」「2-1」は
区別しません。1通りです。つまり、並べ方は
序列がありますが、組み合わせは序列がな
い、ということになります。

**計算してみよう**

①赤、青、黄色のカードを順に並べるとき、何通りの並べ方があるでしょうか。

②1、2、3、4の整数を並べて4けたの整数をつくるとき、
何通りの並べ方がありますか。

③1、2、3、4、5の整数を並べて3けたの整数をつくるとき、
何通りの並べ方がありますか。

答え　①6通り　②24通り　③60通り

第3章 小学校上級編

060　　　　　061

---

## ⑦問題
左ページで学びなおした内容をモノにする
ために、問題にチャレンジしていきましょう。
問題を解くことこそ算数の醍醐味、ですね

## ⑧答え
上でチャレンジした問題の答えがここ
に出ています。すぐ近くにあるだけにつ
いつい見てしまうものですが、そこは
ぐっとこらえて。でもどうしてもダメだっ
たら見てみましょう

## ④解説
それぞれの項目ごとに、解き方や、答え
に到達するための手順の概要、また公
式など、計算していくにあたって知って
おきたい情報がここにあります

## ⑥ちょいとアドバイス
算数グッズの皆さんや、竹内先生から発せられる、
問題をスムーズに解いていくためのつぶやきです

---

# それでは、次ページから始めていきましょう!

# 第1章
# まずは基本の
# 小学校初級編

大人が算数をやりなおすにあたって、

やはり小学校初級編の基礎知識が重要となってきます。

子どもの頃には習わなかった足し算・引き算のやり方も

紹介していますので、

まずは本章をじっくりやりなおしてみて、

疑問に思う部分があったら復習を行いましょう。

そうやって基礎を見なおすことで、

第2章以降の勉強が頭に入ってくるようになります。

章の最後には復習テストがありますので、

ぜひともチャレンジしてみてください。

## さくらんぼ算って知ってますか?

$$8 + 3 = 11$$

8　2　1

10　1

11

㋑ 3を2と1に分解する

㋺ 8に2を足すと10になる

㋩ 10と残りの1を足すと11になる

## 図形と面積の公式をおさらい!

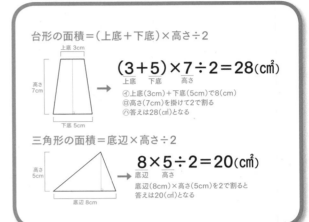

台形の面積＝(上底＋下底)×高さ÷2

上底 3cm
高さ 7cm
下底 5cm

$$(3+5) \times 7 \div 2 = 28(\text{cm}^2)$$

上底　下底　高さ

㋑上底(3cm)＋下底(5cm)で8(cm)
㋺高さ(7cm)を掛けて2で割る
㋩答えは28(cm²)となる

三角形の面積＝底辺×高さ÷2

高さ 5cm
底辺 8cm

$$8 \times 5 \div 2 = 20(\text{cm}^2)$$

底辺　高さ

底辺(8cm)×高さ(5cm)を2で割ると
答えは20(cm²)となる

## 分数の足し算、引き算問題をサクサク解く!

$$\frac{1}{4} + \frac{2}{4} = \frac{3}{4}$$

㋑ 分母が同じであることを確認する
㋺ 分子同士を足し算。1＋2＝3
㋩ 分母はそのままで、分子を3にする

$$\frac{5}{7} - \frac{3}{7} = \frac{2}{7}$$

㋑ 分母が同じであることを確認する
㋺ 分子同士を引き算。5－3＝2
㋩ 分母はそのままで、分子を2にする

## 長さや量、重さの単位を覚えてますか?

$$1\text{km} = ?\text{m}$$
$$1\ell = ?\text{m}\ell$$
$$1\text{kg} = ?\text{g}$$

数学を基本から学んでみよう!

# 整数の足し算・引き算

**POINT**

小学校に入学してまず習うのが数字、
そして足し算と引き算です。
すべての計算の基本となる分野ですから、
手始めにしっかり押さえましょう。

## 解説

一般的に2つ以上の整数を加える計算方法を足し算といって、そろばんの世界では「加法」とも呼ばれます。それとは逆に、数から数を引くのが引き算です。

「減法」とも呼ばれ、計算後の数を「差」「残」といいます。

## 手順①

実際に「さくらんぼ算」で足し算と引き算の計算をしてみよう

**■足し算の手順**

$$8 + 3 = 11$$

㋑ 3を2と1に
分解する

8　2　1

㋺ 8に2を足すと10になる

10　1

㋩ 10と残りの1を
足すと11になる

11

**■引き算の手順**

$$16 - 9 = 7$$

㋑ 9を6と3に
分解する

16　6　3

㋺ 16から6を引くと10になる

10　3

㋩ 10から残りの3を
引くと7になる

7

※「さくらんぼ算」は上記のように、分解した数をさくらんぼのように書くことから、さくらんぼ算と名付けられたそうです。

## 手順②

### 実際に「筆算」で足し算と引き算の計算をしてみよう

■足し算の手順

$$\begin{array}{r} 1 \\ 1\,9 \\ +\,2\,5 \\ \hline 4\,4 \end{array}$$

一の位の計算で繰り上がる場合は、十の位の上に、繰り上がる数字をメモする。その後十の位の計算を行う

■引き算の手順

$$\begin{array}{r} 3\!\!\!/\,7 \\ -\,1\,8 \\ \hline 1\,9 \end{array}$$

一の位の計算をする際、十の位から1を繰り下げる。その際、十の位の数字を斜線でなおす。その後十の位の計算を行う

### 計算してみよう

① 7＋9＝

② 6＋5＝

③ 9＋9＝

④ 17－8＝

⑤ 14－5＝

⑥ 12－6＝

⑦
$$\begin{array}{r} 5\,8 \\ +\,2\,3 \\ \hline \end{array}$$

⑧
$$\begin{array}{r} 3\,4 \\ +\,2\,9 \\ \hline \end{array}$$

⑨
$$\begin{array}{r} 6\,3 \\ -\,1\,9 \\ \hline \end{array}$$

⑩
$$\begin{array}{r} 8\,1 \\ -\,5\,4 \\ \hline \end{array}$$

**答え** ①16 ②11 ③18 ④9 ⑤9 ⑥6 ⑦81 ⑧63 ⑨44 ⑩27

# Part 2

# 整数の掛け算・割り算

**POINT**

掛け算と割り算は良き相棒のような関係です。たとえば、32÷8＝4が、8×4＝32であるように、基礎的な割り算は九九で解くこともできるのです。

## 解説

掛け算の場合、1つ分の数×いくつ分＝全体の整数というふうに、総数を導き出すことができます。割り算の基本は、7（割られる数）÷3（割る数）＝商となります。計算方法は、掛ける、引く、おろす、の3ステップです。

## 手順①

### 掛け算の筆算は「繰り上げて足す」ことが重要

■48×6の筆算の手順

$$\begin{array}{r} +4 \\ 48 \\ \times\ 6 \\ \hline 288 \end{array}$$

ⓘ 6×8＝48

ⓡ 8を書いて、4を繰り上げる

ⓗ 6×4＋4＝28となる

■42×67の筆算の手順

$$\begin{array}{r} +1 \\ 42 \\ \times 67 \\ \hline 294 \\ 252\ \ \\ \hline 2814 \end{array}$$

ⓘ 7×2＝14

ⓡ 4を書いて、1を繰り上げる 7×4＋1＝29を書く

ⓗ 6×2＝12 1を繰り上げる

ⓔ 6×4＋1＝25となる

## 手順②

### 割り算は「掛ける」「引く」「おろす」を割れなくなるまで繰り返す

■78÷4の筆算の手順

（イ）4掛ける1

（ロ）十の位から4を引く

（ハ）一の位を下までおろす

下までおろすのを
忘れないでね！

（二）4掛ける9

（ホ）38引く36

（へ）余り2

答えは19余り2となる

---

## 計算してみよう

① 41
×  3

② 59
×  8

③ 24
×18

④ 37
×25

⑤ 8 ⟌ 76

⑥ 5 ⟌ 61

⑦ 12 ⟌ 94

⑧ 23 ⟌ 52

---

**答え**　①123　②472　③432　④925　⑤9余り4　⑥12余り1　⑦7余り10　⑧2余り6

# 面積の求め方

**POINT**

三角形や四角形、平行四辺形などの図形の大きさは、「面積の公式」を使うことで答えを導き出せます。たとえば、「長方形の面積＝たて×横」が公式となります。

## 解説

長方形とは、4つの内角（内側の角）がすべて直角（90°）である四角形。

台形とは、向かい合う1組の辺が平行である四角形。

平行四辺形とは、向かい合う2組の辺が平行である四角形です。

## 手順①

台形、平行四辺形、三角形は、長方形の「面積の公式」を応用しよう

### 長方形の面積＝たて×横

たて 4cm
横 6cm

$$→ \underset{たて}{4} × \underset{横}{6} = 24 (cm^2)$$

たて（4cm）×横（6cm）なので
答えは24cm²

### 平行四辺形の面積＝底辺×高さ

高さ 3cm
底辺 7cm

$$→ \underset{底辺}{7} × \underset{高さ}{3} = 21 (cm^2)$$

底辺（7cm）×高さ（3cm）なので
答えは21cm²

## 手順②

### 台形の面積＝（上底＋下底）×高さ÷2

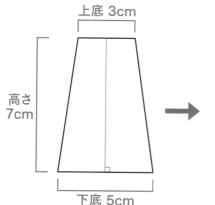

上底 3cm
高さ 7cm
下底 5cm

$$（3＋5）×7÷2＝28（cm^2）$$

上底　下底　高さ

- ⑦上底（3cm）＋下底（5cm）で8（cm）
- ⑨高さ（7cm）を掛けて2で割る
- ⑧答えは28（cm²）となる

### 三角形の面積＝底辺×高さ÷2

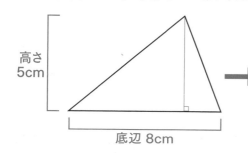

高さ 5cm
底辺 8cm

$$8×5÷2＝20（cm^2）$$

底辺　高さ

底辺（8cm）×高さ（5cm）を2で割ると
答えは20（cm²）となる

## 計算してみよう

①たて5cm、横6cmの長方形

5cm
6cm

②底辺8cm、高さ3cmの平行四辺形

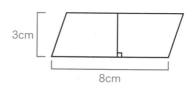

3cm
8cm

③上底6cm、下底9cm、高さ5cmの台形

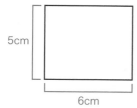

6cm
5cm
9cm

④底辺12cm×高さ5cmの三角形

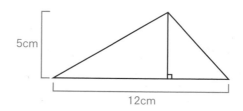

5cm
12cm

**答え**　①30cm²　②24cm²　③37.5cm²　④30cm²

# 量の大きさの単位

POINT

各単位を示すことで、さまざまな量の
大きさを正確にあらわすことができます。
算数の基礎的な理解を深めるために、
あらためて復習していきましょう。

## 解説

長さや重さ、広さ（面積）、体積と容積（かさ）にはそれぞれ分量を
あらわす単位があります。その名称と、関係性を見ていきましょう。
「km」などの「キロ」は、1000倍をあらわしています。

## 量の大きさを示す「仲間の単位」の関係性

■長さの単位の関係性

| キロメートル | メートル | センチメートル | ミリメートル |
|---|---|---|---|
| 1km | 1m | 1cm | 1mm |

1000倍　　100倍　　10倍

つまり1km＝1000m、1m＝100cm、1cm＝10mmとなる

■重さの単位の関係性

| トン | キログラム | グラム | ミリグラム |
|---|---|---|---|
| 1t | 1kg | 1g | 1mg |

1000倍　　1000倍　　1000倍

つまり1t＝1000kg、1kg＝1000g、1g＝1000mgとなる

## 量の大きさを示す「仲間の単位」の関係性

■容積（かさ）の単位の関係性

| キロリットル | リットル | デシリットル | ミリリットル |
|---|---|---|---|
| 1kℓ | 1ℓ | 1dℓ | 1mℓ |

1000倍　10倍　100倍

つまり1kℓ＝1000ℓ、1ℓ＝10dℓ、1dℓ＝100mℓとなる

■広さの単位の関係性

| 平方キロメートル | ヘクタール | アール | 平方メートル | 平方センチメートル |
|---|---|---|---|---|
| 1km² | 1ha | 1a | 1m² | 1cm² |

100倍　100倍　100倍　10000倍

つまり1km²＝100ha、1ha＝100a、1a＝100m²、1m²＝10000cm²となる

■体積と容積

1m³（りっぽうメートル）＝1000ℓ（リットル）
1000cm³（りっぽうセンチメートル）＝1ℓ（リットル）
1cm³（りっぽうセンチメートル）＝1mℓ（ミリリットル）

### 計算してみよう

①1000cm=（　　）m
②10km=（　　）m
③4km=（　　）cm
④10t=（　　）kg
⑤10000g=（　　）kg
⑥4000mg=（　　）g
⑦40ℓ=（　　）dℓ
⑧10000cm²=（　　）m²
⑨1000a=（　　）ha
⑩20ha=（　　）a
⑪10m³=（　　）ℓ
⑫1000cm³=（　　）ℓ

**答え** ①10 ②10000 ③400000 ④10000 ⑤10 ⑥4 ⑦400 ⑧1 ⑨10 ⑩2000 ⑪10000 ⑫1

# 分数の足し算・引き算

## POINT

分数の計算のコツは、分母が異なる場合に
使う「通分」と、分子と分母をそれらの
公約数で割って最小分数にする「約分」が、
問題を解くポイントになります。

## 解説

分数は $\dfrac{1}{3}$ や $\dfrac{3}{4}$ と表される数のことで、読み方は
「3分の1（さんぶんのいち）」「4分の3（よんぶんのさん）」です。
横棒の下にある数を分母、上にある数は分子と呼びます。

## 手順

分母が同じ分数の足し算は分子同士を足せば答えがでる

$$\dfrac{1}{4} + \dfrac{2}{4} = \dfrac{3}{4}$$

- ⓘ 分母が同じであることを確認する
- ⓡ 分子同士を足し算。1＋2＝3
- ⓗ 分母はそのままで、分子を3にする

分母が同じ分数の引き算は分子同士を引けば答えがでる

$$\dfrac{5}{7} - \dfrac{3}{7} = \dfrac{2}{7}$$

- ⓘ 分母が同じであることを確認する
- ⓡ 分子同士を引き算。5－3＝2
- ⓗ 分母はそのままで、分子を2にする

# 計算してみよう

① $\dfrac{2}{5} + \dfrac{1}{5} =$     ② $\dfrac{3}{9} + \dfrac{2}{9} =$     ③ $\dfrac{1}{6} + \dfrac{4}{6} =$

④ $\dfrac{3}{8} + \dfrac{4}{8} =$     ⑤ $\dfrac{7}{12} + \dfrac{4}{12} =$     ⑥ $\dfrac{12}{25} + \dfrac{4}{25} =$

⑦ $\dfrac{9}{17} + \dfrac{3}{17} =$     ⑧ $\dfrac{19}{103} + \dfrac{30}{103} =$     ⑨ $\dfrac{24}{256} + \dfrac{89}{256} =$

⑩ $\dfrac{13}{687} + \dfrac{480}{687} =$     ⑪ $\dfrac{7}{8} - \dfrac{2}{8} =$     ⑫ $\dfrac{5}{9} - \dfrac{3}{9} =$

⑬ $\dfrac{3}{4} - \dfrac{2}{4} =$     ⑭ $\dfrac{4}{5} - \dfrac{1}{5} =$     ⑮ $\dfrac{9}{13} - \dfrac{2}{13} =$

⑯ $\dfrac{7}{26} - \dfrac{2}{26} =$     ⑰ $\dfrac{16}{49} - \dfrac{3}{49} =$     ⑱ $\dfrac{38}{133} - \dfrac{26}{133} =$

⑲ $\dfrac{67}{411} - \dfrac{59}{411} =$     ⑳ $\dfrac{276}{817} - \dfrac{41}{817} =$

**答え** ① $\dfrac{3}{5}$ ② $\dfrac{5}{9}$ ③ $\dfrac{5}{6}$ ④ $\dfrac{7}{8}$ ⑤ $\dfrac{11}{12}$ ⑥ $\dfrac{16}{25}$ ⑦ $\dfrac{12}{17}$ ⑧ $\dfrac{49}{103}$ ⑨ $\dfrac{113}{256}$ ⑩ $\dfrac{493}{687}$ ⑪ $\dfrac{5}{8}$ ⑫ $\dfrac{2}{9}$ ⑬ $\dfrac{1}{4}$ ⑭ $\dfrac{3}{5}$ ⑮ $\dfrac{7}{13}$ ⑯ $\dfrac{5}{26}$ ⑰ $\dfrac{13}{49}$ ⑱ $\dfrac{12}{133}$ ⑲ $\dfrac{8}{411}$ ⑳ $\dfrac{235}{817}$

# Part6

# 小数の足し算・引き算

POINT

小数の計算を筆算で行う場合は
必ず"小数点をそろえて計算する"
ことを覚えましょう。
そして、最後に小数点を打ちます。

## 解説

小数は「0.1」「0.85」「7.26」といった数のことを指します。この小数点は、「位の違い」を示したもので、小数点以下の位には名称があり、小数第1位（10分の1）、小数第2位（100分の1）、小数第3位（1000分の1）、と呼びます。

| 1 | 2 | 3 | 4 | . | 5 | 6 | 7 |
|---|---|---|---|---|---|---|---|
| 千の位 | 百の位 | 十の位 | 一の位 | 小数点 | 十分の1の位 | 百分の1の位 | 千分の1の位 |
| | | | | | 小数第1位 | 小数第2位 | 小数第3位 |

整数　　　　　　　　　　　　　小数

## 手順①

### 小数の足し算をやってみよう

■0.6+0.3の筆算の手順

$$
\begin{array}{r}
0.6 \\
+\,0.3 \\
\hline
0.9
\end{array}
$$

(イ)
(ロ)
(ハ)

(イ) まず、必ず小数点を
そろえましょう

(ロ) 6+3＝9と、整数と
同じ足し算をする

(ハ) 最後に小数点を
打って、0.9になる

■6.5+14.8の筆算の手順

$$
\begin{array}{r}
6.5 \\
+\,14.8 \\
\hline
21.3
\end{array}
$$

(イ)
(ロ)
(ハ)

(イ) まず、必ず小数点を
そろえましょう

(ロ) 65+148＝213と、
繰り上がりのある整数
の筆算と同じように
足し算をする

(ハ) 最後に小数点を
打って、21.3になる

# 手順②

## 小数の引き算をやってみよう

**■0.6−0.2の筆算の手順**

$$
\begin{array}{r}
0.6 \\
-0.2 \\
\hline
0.4
\end{array}
$$

㋑ まず、必ず小数点をそろえましょう

㋺ 6−2＝4と、整数と同じ引き算をする

㋩ 最後に小数点を打って、0.4になる

**■12.14−4.26の筆算の手順**

$$
\begin{array}{r}
12.14 \\
-4.26 \\
\hline
7.88
\end{array}
$$

㋑ まず、必ず小数点をそろえましょう

㋺ 1214−426＝788と、繰り上がりのある整数の筆算と同じように引き算をする

㋩ 最後に小数点を打って、7.88になる

## 計算してみよう

① 
$$\begin{array}{r} 2.5 \\ +3.8 \\ \hline \end{array}$$

② 
$$\begin{array}{r} 4.6 \\ +9.5 \\ \hline \end{array}$$

③ 
$$\begin{array}{r} 3.66 \\ +5.79 \\ \hline \end{array}$$

④ 
$$\begin{array}{r} 10.18 \\ +24.37 \\ \hline \end{array}$$

⑤ 
$$\begin{array}{r} 5.7 \\ -2.6 \\ \hline \end{array}$$

⑥ 
$$\begin{array}{r} 8.4 \\ -3.5 \\ \hline \end{array}$$

⑦ 
$$\begin{array}{r} 7.91 \\ -2.18 \\ \hline \end{array}$$

⑧ 
$$\begin{array}{r} 27.14 \\ -4.78 \\ \hline \end{array}$$

**答え** ①6.3 ②14.1 ③9.45 ④34.55 ⑤3.1 ⑥4.9 ⑦5.73 ⑧22.36

# 正の数・負の数の計算

⠿ＰＯＩＮＴ⠿

正の数、負の数とは、0を境に仕分けされる数学単元です。要するに、0以上の数を「正の数」、0より小さい数を「負の数」といいます。0は正負のどちらにも属しません。

## 解説

「数直線」という、正の数、負の数をあらわす目盛りを示した直線があります。0より右側にある正の数はそのまま、1、2、3と書き、反対に0より左側にある負の数の場合は、数字の前に「マイナス」をつけ、−1、−2と書きます。

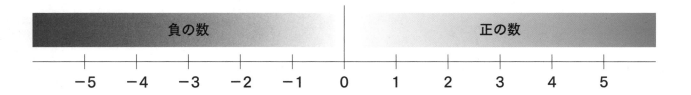

負の数　　　　　　　　　　　　　正の数

−5　−4　−3　−2　−1　0　1　2　3　4　5

## 手順①

### 正の数、負の数の足し算と引き算の例

$$-3 \overset{⒤}{-} 4 \overset{⒭}{-} 5 = \overset{⒩}{-}12$$

負の数しかないので、答えは**マイナス**

⒤ −3−4を計算。答えは−7
⒭ −7−5=−12
⒩ 式の中に負の数しかないので、答えも負の数になり−12となる

$$-9+3 = \overset{⒤}{-}(9 \overset{⒭}{-} 3) = \overset{⒩}{-}6$$

負の数（**−9**）の方が多いので、正の数（**3**）を足しても答えは**マイナス**

⒤ 3よりも−9の方が多いのでカッコの外側に−をつける
⒭ カッコ内の計算。−が外側にあるので、9−3を行う
⒩ 後にカッコを外して、答えは−6

# 手順②

掛け算と割り算では、マイナスが奇数（1、3、5、7）個なら、答えの符号は－。
マイナスが偶数（2、4、6、8）個なら、答えの符号は＋

$$(\overset{イ}{-}3) \times 5 = \overset{ロ}{-}15$$

イマイナスが1個なので**奇数**
ロ答えの符号は－となる

$$(\overset{イ}{-}6) \div (\overset{イ}{-}2) = \overset{ロ}{3}$$

イマイナスが2個なので**偶数**
ロ答えの符号は＋となる

## 計算してみよう

① $-3+6=$

② $-8+2=$

③ $-4-5+2=$

④ $-5-7+4=$

⑤ $(-3) \times 3=$

⑥ $(-7) \times (-2)=$

⑦ $(-8) \div 4=$

⑧ $(-10) \div (-2)=$

⑨ $2 \times (-3)+4=$

⑩ $(-4) \div 2-1=$

**答え** ①3 ②-6 ③-7 ④-8 ⑤-9 ⑥14 ⑦-2 ⑧5 ⑨-2 ⑩-3

# 復習テスト

① 6＋5＝

② 9＋4＝

③ 14－5＝

④ 22－13＝

⑤ 
$$\begin{array}{r} 16 \\ +25 \\ \hline \end{array}$$

⑥ 
$$\begin{array}{r} 37 \\ +44 \\ \hline \end{array}$$

⑦ 
$$\begin{array}{r} 62 \\ -28 \\ \hline \end{array}$$

⑧ 
$$\begin{array}{r} 112 \\ -\ 58 \\ \hline \end{array}$$

⑨ 
$$\begin{array}{r} 24 \\ \times\ 4 \\ \hline \end{array}$$

⑩ 
$$\begin{array}{r} 38 \\ \times 11 \\ \hline \end{array}$$

⑪ $6\overline{)48}$

⑫ $12\overline{)67}$

復習テスト

## 以下の図形の面積を求めてください。

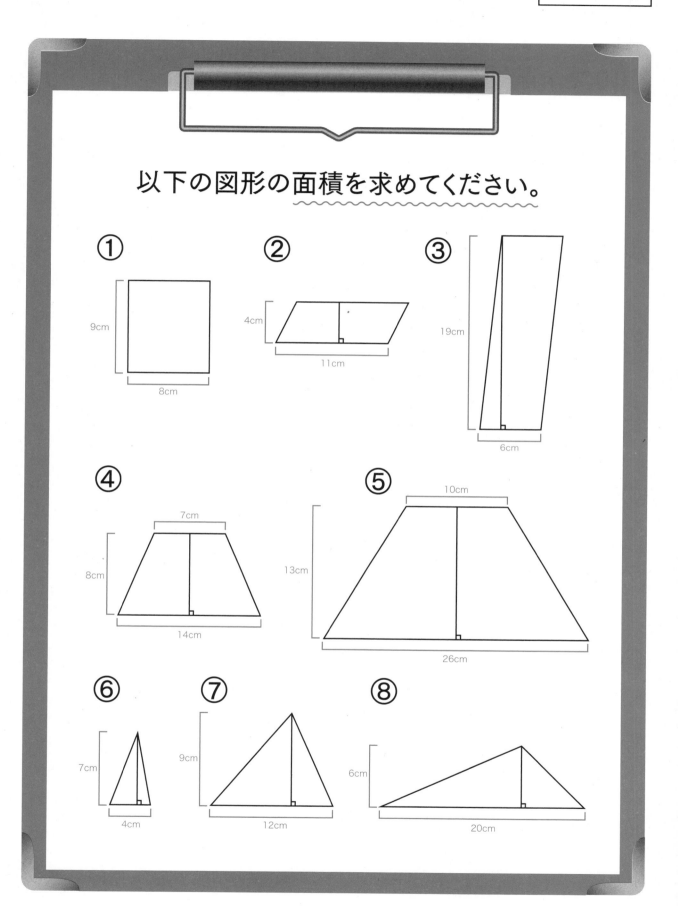

① 9cm 8cm

② 4cm 11cm

③ 19cm 6cm

④ 7cm 8cm 14cm

⑤ 10cm 13cm 26cm

⑥ 7cm 4cm

⑦ 9cm 12cm

⑧ 6cm 20cm

# 復習テスト

① 100cm ＝ (　　　　　　　　) m

② 200km ＝ (　　　　　　　　) m

③ 520mℓ ＝ (　　　　　　　) ℓ

④ 300dℓ ＝ (　　　　　　　) ℓ

⑤ 140t ＝ (　　　　　　　) kg

⑥ 5800mg ＝ (　　　　　　　) g

⑦ 150a ＝ (　　　　　　　) ha

⑧ 120m³ ＝ (　　　　　　　) ℓ

⑨ 24cm³ ＝ (　　　　　　　) dℓ

⑩ 5000000cm³ ＝ (　　　　　　　) m³

① $\dfrac{3}{8} + \dfrac{5}{8} =$

② $\dfrac{1}{2} + \dfrac{3}{2} =$

③ $\dfrac{13}{29} + \dfrac{22}{29} =$

④ $\dfrac{11}{38} + \dfrac{8}{38} =$

⑤ $\dfrac{138}{249} + \dfrac{25}{249} =$

⑥ $\dfrac{7}{9} - \dfrac{3}{9} =$

⑦ $\dfrac{5}{7} - \dfrac{2}{7} =$

⑧ $\dfrac{15}{22} - \dfrac{11}{22} =$

⑨ $\dfrac{23}{48} - \dfrac{20}{48} =$

⑩ $\dfrac{263}{575} + \dfrac{192}{575} =$

# 復習テスト

① $-9+12=$

② $-3+11-2=$

③ $(-5) \times 2=$

④ $(-7) \times (-13)=$

⑤ $(-15) \div (-3)=$

⑥ $(-4) \times 6+9=$

⑦ $18 \div (-3) -2=$

⑧
$$
\begin{array}{r}
3.9 \\
+\ 5.4 \\
\hline
\end{array}
$$

⑨
$$
\begin{array}{r}
25.18 \\
-\ \ 6.45 \\
\hline
\end{array}
$$

⑩
$$
\begin{array}{r}
18.09 \\
-15.37 \\
\hline
\end{array}
$$

# 解答

◇P24

①11　②13　③9　④9　⑤41　⑥81　⑦34　⑧54　⑨96

⑩418　⑪8　⑫5余り7

◇P25

①72cm²　②44cm²　③114cm²　④84cm²　⑤234cm²　⑥14cm²

⑦54cm²　⑧60cm²

◇P26

①1　②200000　③0.52　④30　⑤140000　⑥5.8　⑦1.5

⑧120000　⑨0.24　⑩5

◇P27

①1　②2　③$\frac{35}{29}$　④$\frac{1}{2}$　⑤$\frac{163}{249}$　⑥$\frac{4}{9}$　⑦$\frac{3}{7}$　⑧$\frac{2}{11}$

⑨$\frac{1}{16}$　⑩$\frac{91}{115}$

◇P28

①3　②6　③−10　④91　⑤5　⑥−15　⑦−8　⑧9.3

⑨18.73　⑩2.72

# 第2章
# 複雑になってくる
# 小学校中級編

本章では、速さの計算や、小数、分数の掛け算・割り算などの

複雑な計算が出てきます。

これから勉強をやりなおしていく小学校上級編や中学校編での

算数の考え方を固めていくためにも、

本章にしっかり取り組んでいきましょう。

図形の面積や体積、表面積を求める計算は

苦手な人が多いので、

特に集中して取り組んでいくことをオススメします。

## 小数の割り算では小数点の位置を…

$$0.4\overline{)3.26}$$

↓ ×10  ↓ ×10

㋑ 4  32.6 ㋺

㋑ 割る数0.4を×10で整数4にする

㋺ 割られる数3.26も10倍にして、32.6に

## 分数の割り算で使う「逆数」

$$\frac{1}{2} \div \frac{3}{5} = \frac{1 \times 5}{2 \times 3}$$

## おうぎ形の「弧の長さ」は?

半径7cm、中心角90°の
おうぎ形の弧の長さを求めなさい。

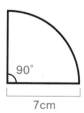

90°

7cm

## 表面積は、側面積＋底面積×2

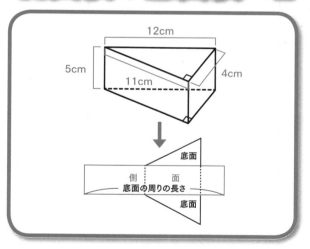

12cm

5cm

11cm

4cm

底面

側面

底面の周りの長さ

底面

問題を解くことで
達成感が得られます!

# 簡単なグラフ

POINT

円グラフは1周が360度（100％）なので、1％は、360÷100＝3.6度という計算で求めることができます。このように、まずはグラフの読み取り方をおさえましょう。

## 解説

たとえば、総打数30のうち18安打数のバッターの打率は0.6ですが、これは、比べられる量（18）÷もとにする量（30）＝割合（0.6）という公式で算出できます。

## 手順

### 割合の公式を使って計算しよう

■売り上げの20％がシャーペンで、消しゴムは10％でした。売れたシャーペンの個数は消しゴムの個数の何倍ですか。

シャーペン20％（比べられる量）
÷
消しゴム10％（元にする量）＝2倍（割合）

■今日は30本の定規が売れました。この日売れた文房具の個数は全部で何個ですか。

定規30本（比べられる量）
÷
0.15（小数の割合）＝200個（元にする量）

# 計算してみよう

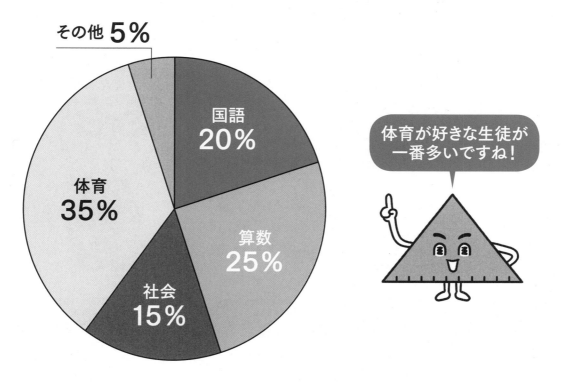

体育が好きな生徒が一番多いですね！

クラスで「好きな教科」のアンケートをとった結果、国語が20％、算数が25％、社会が15％、体育が35％、その他が5％となりました。

① 国語を好きと答えた生徒は、その他と答えた生徒の何倍いましたか。

② 体育が好きな生徒は7人です。クラス全体は何人でしょうか。

③ 国語が好きな生徒は何人でしょうか。

④ 算数と社会が好きな生徒は合わせて何人でしょうか。

⑤ その他と答えた生徒は何人でしょうか。

**答え**　①4倍　②20人　③4人　④8人　⑤1人

# Part2

# 速さの計算

**POINT**

速度の計算は、「道のり＝速さ×時間」
「速さ＝道のり÷時間」「時間＝道のり÷速さ」。
この速さの3定義と呼ばれる
"み・は・じ"がキーワードです。

## 解説

便利な「み・は・じ」を覚えておけば速さの計算は簡単です。

道のりはm（メートル）、km（キロメートル）。

速さは秒速、分速、時速。時間は秒、分、時間ですね。

## 手順

単位が異なる場合は速さを変換して対応する

■**時速63kmは分速何mですか?**

① 最初に、単位をkmからmに変えましょう。1km＝1000mなので、
63kmは**63×1000＝63000（m）**となります。

② 時速63km＝時速63000mなので、**時速63kmは60分で
63000m進む速さ**であると分かります。
よって、「は」**速さ＝道のり÷時間**の式が適用されます。

③ **63000÷60＝1050（m）**
答えは分速**1050m**です。

# 計算してみよう

① 600mの道のりを分速60mで歩きました。何分かかりましたか?

② 1.5kmの道のりを分速50mで歩きました。何分かかりましたか?

③ 2.5kmの道のりを分速125mでジョギングしました。
何分かかりましたか?

---

④ 分速80mのペースで15分歩きました。何km歩いたでしょうか。

⑤ 分速40mのペースで30分歩きました。何km歩いたでしょうか。

⑥ 分速50mのペースで歩いた場合、800m先に到着するのは
何分後でしょうか。

⑦ 分速130mのペースで走った場合、1.3km先に到着するのは
何分後でしょうか。

---

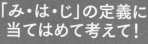

「み・は・じ」の定義に
当てはめて考えて!

⑧ 時速3kmは、分速何mでしょうか。

⑨ 時速4.2kmは、分速何mでしょうか。

⑩ 時速7.2kmは、分速何mでしょうか。

第2章 小学校中級編

**答え** ①10分　②30分　③20分　④1.2km　⑤1.2km　⑥16分後　⑦10分後　⑧50m
⑨70m　⑩120m

# Part 3

# 分数の掛け算・割り算

**POINT**

分数同士の掛け算の場合、分子同士を掛け算、分母同士を掛け算します。そして約分が必要なときは、途中で約分しましょう。割り算は、分母と分子をひっくり返して掛ける「逆数の掛け算」をします。

## 解説

分数の割り算は、「割る数の分母と分子」をひっくり返して "逆数" にします。そして、÷を×に変え、分母同士を掛け算、分子同士を掛け算してから、約分します。

## 手順①

### 分数の掛け算は途中で約分しよう

■分数同士の掛け算の手順　　㋑ 分子同士（3×1）を掛け算する

$$\frac{3}{10} \times \frac{1}{6} = \frac{3 \times 1}{10 \times 6} = \frac{3}{60} = \frac{1}{20}$$

㋺ 分母同士（10×6）を掛け算する　　㋩ 約分する

■分母より分子が大きい場合も同様　　㋑ 分母（21×2）分子（5×7）同士を掛け算する

$$\frac{5}{21} \times \frac{7}{2} = \frac{5 \times 7}{21 \times 2} = \frac{35}{42} = \frac{5}{6}$$

㋺ 約分する

## 分数の割り算は、割る数を「逆数」にする

■分数同士の割り算の手順

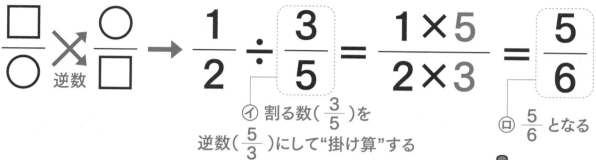

$$\frac{\square}{\bigcirc} \times \frac{\bigcirc}{\square} \quad \xrightarrow{逆数} \quad \frac{1}{2} \div \boxed{\frac{3}{5}} = \frac{1 \times 5}{2 \times 3} = \boxed{\frac{5}{6}}$$

イ 割る数($\frac{3}{5}$)を
逆数($\frac{5}{3}$)にして"掛け算"する

ロ $\frac{5}{6}$ となる

逆数は、たとえば2なら $\frac{1}{2}$、$\frac{3}{4}$ なら $\frac{4}{3}$ になります。
シンプルに分母と分子を逆にすればいいんですね！

## 計算してみよう

① $\dfrac{3}{5} \times 2 =$

② $\dfrac{5}{12} \times 6 =$

③ $\dfrac{5}{9} \times \dfrac{1}{2} =$

④ $\dfrac{5}{6} \times \dfrac{11}{25} =$

⑤ $\dfrac{3}{5} \div 7 =$

⑥ $\dfrac{3}{11} \div \dfrac{8}{33} =$

⑦ $\dfrac{9}{2} \div \dfrac{3}{4} \div \dfrac{1}{9} =$

⑧ $\dfrac{7}{4} \div 21 \div \dfrac{1}{2} =$

答え ① $\dfrac{6}{5}$ ② $\dfrac{5}{2}$ ③ $\dfrac{5}{18}$ ④ $\dfrac{11}{30}$ ⑤ $\dfrac{3}{35}$ ⑥ $\dfrac{9}{8}$ ⑦ 54 ⑧ $\dfrac{1}{6}$

# 小数の掛け算・割り算

**POINT**

小数の掛け算で気をつけることは、小数点以下の「けた数」の合計で、小数点を打つ位置が決まることです。割り算は、小数点の「移動」がポイントになります。

## 解説

小数の掛け算は、小数点以下のけた数の合計が、答えに打つ小数点の位置を決めます。たとえば、6.34（2けた）×3.1（1けた）＝19.654 となるように、答えには合計3けたの小数点を打つことになります。

## 手順①

### 小数点の掛け算は、けた数に注意！

■小数同士の掛け算の手順

$$4.31 \text{（小数点は2けた）}$$
$$×2.11 \text{（小数点は2けた）}$$
$$9.0941 \text{（小数点は4けた）}$$

㋑ 整数と同じように 431×211＝90941と計算する

㋺ 4.31と2.11のそれぞれの小数点以下のけた数は2けたなので、2＋2＝4

㋩ よって、小数点以下のけた数は「4けた」になるから、9.0941になる

たとえば1.23の小数点より下のけた数は2、4.567の小数点より下のけた数は3だね♪

## 手順②

### 小数の割り算もけた数に注意

■小数の割り算の手順

$$0.4 \overline{)3.26}$$

↓ ×10 　　↓ ×10

④ 4　32.6 ⑩

→

ハ 8.15

$$4\overline{)32.6}$$

```
  8.15
4)32.6
  32
   6
   4
   20
   20
    0
```

④ 割る数0.4を×10で整数4にする

⑩ 割られる数3.26も10倍にして、32.6に

小数点を
移動させましょう！

ハ 32.6÷4を計算すると
8.15になる

## 計算してみよう

① 　0.81
　 ×1.33

② 　0.55
　 × 2.4

③ 　　23
　 ×6.24

④ 　　3.8
　 ×11.9

⑤
$$4\overline{)11.2}$$

⑥
$$8\overline{)24.8}$$

⑦
$$2.4\overline{)38.4}$$

⑧
$$0.6\overline{)46.2}$$

**答え**　①1.0773　②1.32　③143.52　④45.22　⑤2.8　⑥3.1　⑦16　⑧77

# 多角形の角度

POINT

垂直と平行を理解します。垂直とは、「2本の直線が
交わる角が90度の角であるとき、その直線は垂直」。
平行とは、「1つの直線に2つの直線が垂直に
交わっているとき、この2つの直線は平行」です。

## 解説

平行四辺形は、「向かい合った辺の長さと角の大きさは同じ」で、

それぞれの図形の内角（図形内のすべての角）の和は、

三角形が180°、四角形が360°、五角形が540°と決まっています。

## 手順

それぞれの図形の内角の和を念頭において計算する

平行四辺形は向かい合った
辺の長さと、角の大きさは同じなんだね。
正方形の四つの角度はすべて90°、
四角の合計は360°と決まってますよ

80°　　100°

3cm

$x$

4cm

60°

60°　　60°

つまり、右下（$x$）も
80°になりますね

三角形の3つの角度の
合計は180°です

六角形の和は
720°です

五角形は540°ですよね！

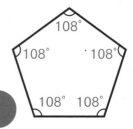

108°

108°　　108°

108°　108°

# 計算してみよう

それぞれの$x$の角度を求めてください。

## ①正三角形

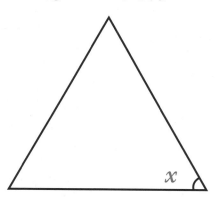

## ②正四角形

## ③正五角形

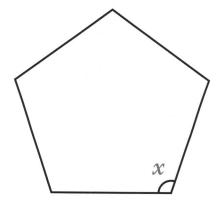

正多角形はすべての角度が等しいんです！

## ④平行四辺形

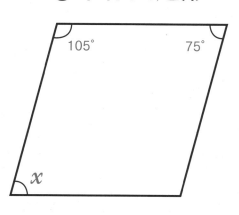

## ⑤正六角形

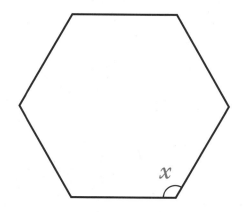

答え　①60°　②90°　③108°　④75°　⑤120°

# 弧の長さの求め方

POINT

円周は、円の周りのことを指しています。半径とは円と球の中心、それに加えて円周上の1点とを結ぶ線のことです。直径は"半径の2倍"で、円周上の1点から中心を通って反対側の円周まで引いた直線の長さです。

## 解説

「円周の長さ＝直径×円周率」「円の面積＝半径×半径×円周率」という基本公式をしっかり覚えましょう。次に、弧の長さの公式は「おうぎ形の弧の長さ＝円周の長さ×中心角÷360」です。

## 手順①

### 円周は直径×円周率（3.14）で求められる

■直径15cmの円の周りの長さの求め方の手順

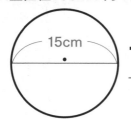

直径（15cm）に円周率（3.14）を掛ける

$$15 \times 3.14 = 47.1 \,(cm)$$
直径　　円周率

### 円の面積＝半径×半径×円周率（3.14）

■半径7.5cmの円の面積の求め方の手順

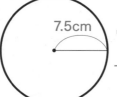

半径（7.5cm）を2乗して円周率（3.14）を掛ける

$$7.5 \times 7.5 \times 3.14 = 176.625 \,(cm^2)$$
半径　　半径　　円周率

### おうぎ形の弧の長さは、中心角に比例する

■「半径6cm」「中心角40°」のおうぎ形の弧の長さを四捨五入して、小数第二位まで求めてみましょう

イ 円周の長さを求める

$$6 \times 2 \times 3.14 = 37.68$$

半径×2　　円周率

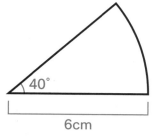

ロ 円全体の角度（360）と中心角（40）を約分し、$\frac{1}{9}$ に

$$= 37.68 \times \frac{1}{9} \overset{\frac{40}{360}}{} = 37.68 \div 9$$

円周

ハ 円周の長さ（37.68）÷（中心角/全体の角度）9＝4.19

$$= 4.1866\cdots = 4.19 \, (cm)$$

二 四捨五入する

第2章　小学校中級編

## 計算してみよう

① 半径10cm、中心角30°の
　おうぎ形の弧の長さを求めなさい。

② 半径7cm、中心角90°の
　おうぎ形の弧の長さを求めなさい。

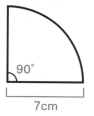

③ 半径20cm、中心角100°の
　おうぎ形の弧の長さを求めなさい。

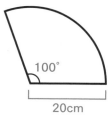

④ 半径5cm、中心角60°の
　おうぎ形の弧の長さを求めなさい。

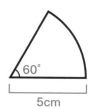

**答え**　①5.23cm　②10.99cm　③34.9cm　④5.23cm

# 立体の表面積の求め方

**POINT**

三角柱、四角柱、
円柱の立体の表面積は、
「側面積」＋「底面積」×2で
求めることができます。

## 解説

立体には5つの面があります。①「底面」上下に向かい合う2つの面。②「底面積」1つの底面の面積。③「側面」角柱の場合、周りの長方形や正方形。円柱の場合、周りの曲面。④「側面積」側面全体の面積。⑤「表面積」立体のすべての面積を足したものです。

## 手順

**柱体の表面積は、側面積＋底面積×2で求める**

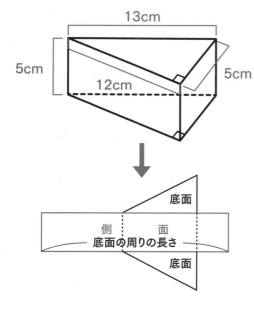

㋑ 最初に側面積を求める

$$5 \times (12 + 13 + 5) = 150 \, (\text{cm}^2)$$

高さ × 　底面の周りの長さ

㋺ 続いて底面積を求める

$$12 \times 5 \div 2 = 30 \, (\text{cm}^2)$$

㋩ 最後に表面積を求める

$$150 + 30 \times 2 = 210 \, (\text{cm}^2)$$

側面積 ＋ 底面積×2

# 計算してみよう

## 以下の立体の表面積を求めてください。

①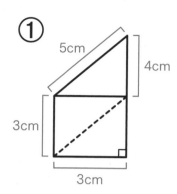

②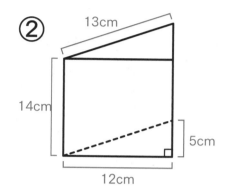

③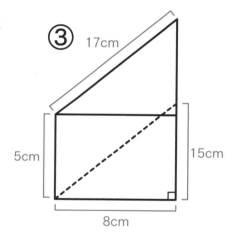

④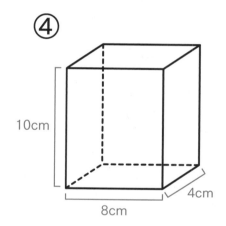

⑤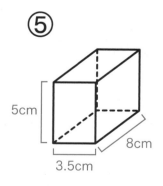

⑥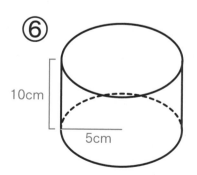

# 三角すいの体積の求め方

**POINT**

すい体には、三角すい（底面が三角形）、
四角すい（底面が四角形）、
円すい（底面が円）の
3種があります。

## 解説

すい体の体積は、底面積×高さ×$\dfrac{1}{3}$ が公式です。

たとえば、底面積40㎠、高さ3cmの三角すいの場合、

$40×3×\dfrac{1}{3}＝40$（㎤）と、なりますので、40㎤が体積です。

三角すい

四角すい

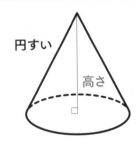

円すい

## 手順

### 三角すいの体積を求めよう

■底面の、直角を挟んだ辺の長さがそれぞれ4cm、6cm、高さが8cmの三角すいの体積は？

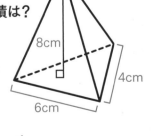

$4×6×\dfrac{1}{2}$（底面積）$×8$（高さ）$×\dfrac{1}{3}＝32$（㎤）

㋑ 底面積を掛け算　㋺ 底面積の答え（12）と高さ（8）を掛け算　㋩ 96と$\dfrac{1}{3}$を掛け算＝32

以下の立体の体積を求めてください。

①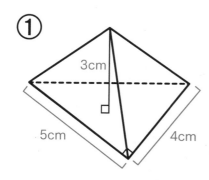

②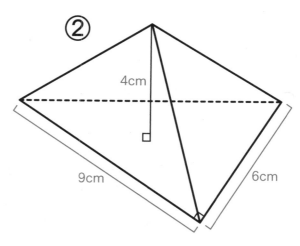

③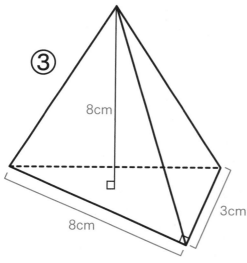

④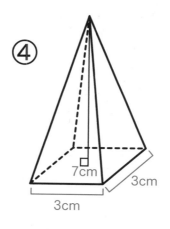

⑤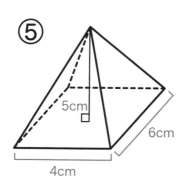

⑥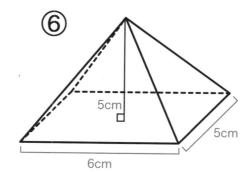

第2章　小学校中級編

**答え**　①10㎤　②36㎤　③32㎤　④21㎤　⑤40㎤　⑥50㎤

# 復習テスト

円グラフを参照し、以下の問いに答えてください。

会社の部署内で「好きなランチ」のアンケートをとった結果、
カレーライスが25%、パスタが20%、焼き魚定食が10%、そば・うどんが5%、その他が40%となりました。

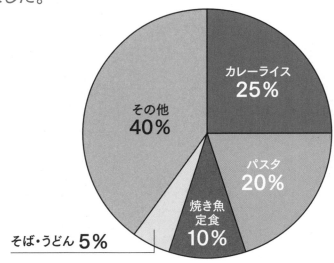

①パスタが好きと答えた人は、そば・うどんと答えた人の何倍いましたか。

②カレーライスが好きと答えた人は10人です。部署全体の人数は何人でしょうか。

③焼き魚定食が好きと答えた人は何人でしょうか。

④パスタ、その他と答えた人の合計は何人でしょうか。

以下の問題に答えてください。

⑤800mの道のりを分速80mで歩きました。何分かかりましたか?

⑥分速75mのペースで40分歩きました。何km歩いたでしょうか。

⑦分速150mのペースで走った場合、1.35km地点に到着するのは何分後でしょうか。

⑧時速6kmは分速何mでしょうか。

⑨時速24kmは分速何mでしょうか。

⑩時速54kmは分速何mでしょうか。

① $\dfrac{2}{7} \times 8 =$

② $\dfrac{4}{11} \times \dfrac{3}{2} =$

③ $\dfrac{1}{2} \times \dfrac{5}{13} \times 4 =$

④ $\dfrac{3}{8} \div 6 =$

⑤ $\dfrac{9}{16} \div \dfrac{6}{7} =$

⑥ $\dfrac{3}{2} \div 14 \div \dfrac{3}{5} =$

⑦
$$\begin{array}{r} 0.67 \\ \times\ 1.42 \\ \hline \end{array}$$

⑧
$$\begin{array}{r} 53 \\ \times\ 9.79 \\ \hline \end{array}$$

⑨ $3\overline{)18.6}$

⑩ $0.6\overline{)48.9}$

# 復習テスト

以下の図形の角度xを求めてください。

①三角形

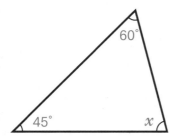

②正五角形

③平行四辺形

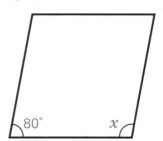

以下のおうぎ形の
弧の長さを求めてください。

④

⑤

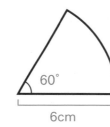

以下の図形の表面積を
求めてください。

⑥

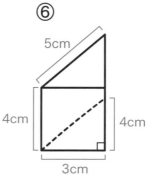

⑦

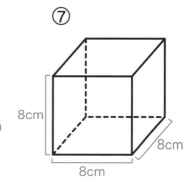

以下の図形の体積を求めてください。

⑧三角すい

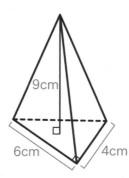

⑨四角すい

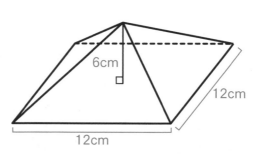

⑩四角すい

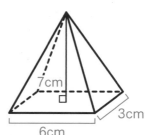

## 解答

◇P48

①4倍　②40人　③4人　④24人　⑤10分　⑥3km　⑦9分後

⑧100m　⑨400m　⑩900m

◇P49

① $\frac{16}{7}$　② $\frac{6}{11}$　③ $\frac{10}{13}$　④ $\frac{1}{16}$　⑤ $\frac{21}{32}$　⑥ $\frac{5}{28}$

⑦0.9514　⑧518.87　⑨6.2　⑩81.5

◇P50

①75°　②108°　③100°　④3.14cm　⑤6.28cm

⑥60㎠　⑦384㎠　⑧36㎤　⑨288㎤　⑩42㎤

# 第3章
# 難易度アップ！
# 小学校上級編

小学校上級編の算数は、$x$や$a$などの記号を用いた

計算が登場してきます。

学生時代はこれを苦手としてきた人が多いですが、

本章を読み進めて、復習テストも重ねることで、

$x$（未知数）を導くことの、ある種の"快感"を得ることができるでしょう。

ルート（$\sqrt{\ }$）の計算や、式の展開など、

算数から数学にステップアップするための

基礎的な分野も出てきます。

本章をすらすら解けるようになってきたら、

算数の楽しさに気づいたと言えるでしょう。

## 並べ方・組み合わせの違いを知ろう

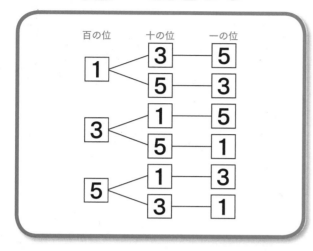

## 連立方程式をバンバン解く！

$$\begin{cases} 3x + 2y = 9 & \cdots\cdots\cdots\cdots ① \\ x + y = 4 & \cdots\cdots\cdots\cdots ② \end{cases}$$

$$\begin{array}{r} 3x + 2y = 9 \\ -)\ 2x + 2y = 8 \\ \hline x = 1 \end{array}$$

## この2つの三角形合同ですか？

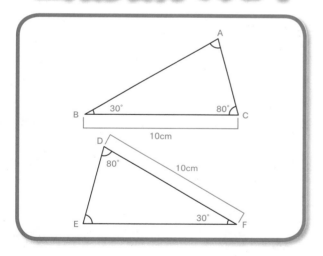

## 円柱などの柱体の体積は？

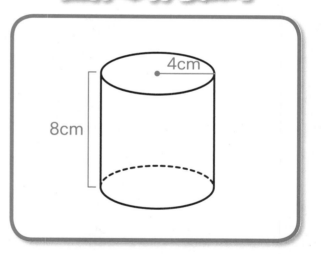

算数の楽しさが分かってきましたか？

# 平均の求め方

> ＰＯＩＮＴ
>
> 平均を求めるには、
> 「合計の数」を「個数」で割れば導き出せます。
> 公式として、
> 合計÷個数＝平均と覚えましょう。

## 解説

たとえば、5教科のテスト「国語78点」「数学54点」「英語62点」
「理科45点」「社会97点」の平均を出したい場合、
テストの合計点数336（合計）÷5（個数）＝67.2（点）となります。

## 手順

### 平均×個数＝合計も意識しよう

A君 68kg　　Bさん 54kg　　C君 86kg　　Dさん 45kg　　E君 50kg

> すべての数値を足して、
> 人数（個数）で割れば
> いいんですね♪

■5人の体重がそれぞれ、A君68kg、Bさん54kg、C君86kg、
　Dさん45kg、E君50kgのとき、5人の平均体重は？

⑴ 5人の体重の合計を足し算「303」

⑵ 体重の合計「303」を個数「5」で割り算する

⑶ 303（合計）÷5（個数）＝5人の平均体重＝60.6（kg）

① 国語のテスト結果です。3人の点数がそれぞれ、79点、66点、92点でした。平均点数は何点ですか?

② 国数理社英のテスト結果です。点数がそれぞれ、61点、70点、43点、77点、93点でした。5教科の平均点数は何点ですか?

③ 男子100m走。4人のタイムはそれぞれ、11.25秒、13.44秒、11.17秒、12.66秒でした。平均タイムは何秒ですか?

④ 男女7人の身長がそれぞれ、167cm、148cm、179cm、184cm、156cm、162cm、173cmでした。7人の平均身長は何cmですか?

⑤ 社員6人の月の残業時間がそれぞれ、21時間、16時間、7時間、35時間、29時間、18時間でした。6人の平均残業時間は何時間ですか?

⑥ 玉ねぎ8個の重さがそれぞれ、183g、203g、194g、170g、221g、194g、196g、231gでした。8個の平均重量は何gですか?

⑦ クラスで算数のテストを行いました。男子12名の平均点は61点、女子13名の平均点は66点でした。クラス全体の平均点は何点ですか?

第3章 小学校上級編

**答え** ①79点 ②68.8点 ③12.13秒 ④167cm ⑤21時間 ⑥199g ⑦63.6点

# 百分率と小数の関係

POINT

百分率の数に
「割合の公式」(P32)を使うときは、
その数を必ず100で割って"小数の割合"に
変換してから計算します。

## 解説

百分率とは、全体を100としたときの「割合」のことを指し、
単位は％(パーセント)を用いてあらわします。％を求める公式は、
比べられる量÷もとにする量×100＝百分率となります。

## 手順①

**まずは小数と割合の関係をおさらい**

■小数の割合0.48を百分率になおしましょう

$$0.48 × 100 = 48(\%)$$

小数の割合に100を掛ける
(100倍)と百分率になる

■68％を小数の割合になおしましょう

$$68 ÷ 100 = 0.68$$

百分率を100で割ると
小数の割合になる

0.01が1％、0.1が10％、
1が100％だね♪

## 手順②

### %を使って量を求めてみよう

■120gの54％は何gですか

$$120 × \underset{①}{0.54} = \underset{②}{64.8}(g)$$

① 54％を100で割って小数の割合になおす（0.54）

② 元にする量（120）×割合（①）＝64.8(g)
よって、120gの54％は64.8gとなる

### 計算してみよう

小数を百分率（％）になおしてください。

① 0.06

② 0.24

③ 1.19

④ 0.569

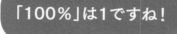

「100％」は1ですね！

%を使って量を求めてみましょう。

⑤ 300gの25％は何gですか？

⑥ 24時間の50％は何時間ですか？

⑦ 12000円の飲食代を5人で、1人20％ずつで割り勘しました。
1人あたりの支払い額はいくらですか？

⑧ 2.4kmの道のりのうち、36％を歩き終えました。何m歩き終えましたか？

**答え**　①6％　②24％　③119％　④56.9％　⑤75g　⑥12時間　⑦2400円　⑧864m

# $x$、$a$、$y$を使った計算

**P O I N T**

アルファベット文字を用いた計算式では
「省順（しょうじゅん）」といって、
$x \div 1$の省略、数は文字の前へ、
文字はアルファベット順に並べましょう。

## 解説

文字式の計算は、掛け算→足し算の順で解いていきます。掛け算と割り算の計算記号は省略してください。たとえば、$a \times 2$は、「×」を消して"$2a$"とあらわします。このとき、2を「係数」、$a$を「文字」といいます。

## 手順①

×、÷、1の省略を理解して計算しよう

$$1a + 3a = 4a$$

⑦ $a$は1が省略されているので「1+3」＝4

⑨ 「係数」4が前、「文字」$a$が後ろ、よって答えは$4a$

掛け合わされた「文字の数」を右上に小さく書くことを"累乗の指数"という

$$x \times x \times x \times y \times y = \overset{\text{⑳}}{x^3 y^2}$$

⑦3個　⑨2個

⑦ $x$は3個　⑨ $y$は2個

⑳ 掛け合わされた文字は、その個数を答えの文字の右上に小さく書く。よって答えは$x^3 y^2$

÷の後ろは「分母」となり割り算の記号を省略

$$3x \div 5 = \frac{3x^{^{\text{ロ}}}}{5}$$

$\underrightarrow{\text{イ}}$

イ ÷の後ろの数は分母に

ロ よって答えは $\frac{3x}{5}$

## 計算してみよう

① $8a + 6a =$

② $4x - 9x =$

③ $11a - 11a =$

④ $6x \times 2 =$

⑤ $-2y \times 8 =$

⑥ $x \times x \times x \times y \times y \times y =$

⑦ $2a \div 3 =$

⑧ $10x \div 2 =$

⑨ $12y \div (-3) =$

⑩ $(-9x) \div (-4) =$

第3章 小学校上級編

**答え** ① $14a$ ② $-5x$ ③ $0$ ④ $12x$ ⑤ $-16y$ ⑥ $x^3y^3$ ⑦ $\frac{2a}{3}$ ⑧ $5x$ ⑨ $-4y$ ⑩ $\frac{9x}{4}$

# 並べ方と組み合わせ

POINT

「樹形図（じゅけいず）」を
用いて問題を解くときは、
数えやすくするために縦方向を
そろえて書きましょう。

## 解説

並べ方とは、起こりうる可能性（何通りか）を考える算数のことで、そこで
役に立つのが「樹形図（じゅけいず）」です。基本的に、百の位、十の位、
一の位にそれぞれ分けて、何通りできるかという図を作っていきます。

## 手順①

### 樹形図は縦をそろえて書こう

■1、3、5の3つの整数を使って3けたの整数を作るとき、3けたの整数は全部で何通りできるでしょうか

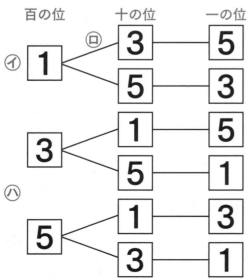

百の位　　十の位　　一の位

イ 1 ロ 3 — 5
　　　　5 — 3

3 1 — 5
　　5 — 1

ハ 5 1 — 3
　　3 — 1

イ 樹形図を作成。百の位、十の位、一の位に分けて、
　まずは「1」を百の位に入れる

ロ 十の位に「3」を入れてみる。すると自動的に一の位は
　「5」になる。十の位に「5」を入れたら、一の位は「3」に

ハ 同じように、百の位が「3」の場合と、
　「5」の場合の樹形図を作成。全部で6通り

すべての場合を数えましょう♪

## 手順②

### 樹形図を使わない計算方法

■ 1、2、3、4と書かれたカードがあります。この中から、3枚のカードで3けたの整数を作るとき、整数は全部で何通りできますか

| 1 | 2 | 3 | 4 |

イ 百の位は、1か2か3か4の中から
　 1つの数を選べる＝4通り

ロ 十の位は、百の位で選んだ数字以外の
　 3つから1つを選べる＝3通り

ハ 一の位は、百の位と十の位で選んだ数
　 以外の2つから1つを選べる＝2通り

ニ 4（通り）×3（通り）×2（通り）＝24（通り）

「並べ方」と「組み合わせ」の違いを理解しましょう。たとえば、「1-2」「2-1」という並べ方を区別すると2通りです。組み合わせの場合は"選ぶ"だけなので、「1-2」「2-1」は区別しません。1通りです。つまり、並べ方は序列がありますが、組み合わせは序列がない、ということになります。

組み合わせの場合
重複した組み合わせは省いてね

第3章　小学校上級編

---

### 計算してみよう

① 赤、青、黄色のカードを順に並べるとき、何通りの並べ方があるでしょうか。

② 1、2、3、4の整数を並べて4けたの整数を作るとき、何通りの並べ方がありますか。

③ 1、2、3、4、5の整数を並べて3けたの整数を作るとき、何通りの並べ方がありますか。

---

**答え** ①6通り　②24通り　③60通り

# ルートの計算

**POINT**

ルートの計算では足し算と引き算は「ルートの中身がおなじものだけ計算」できます。掛け算と割り算は「ルートの中身を掛け算、割り算」できます。

## 解説

√（ルート）は日本語で「平方根」といい、平方とは"2乗"のことで、同じ整数を掛け算することです。たとえば9＝3×3ですから、√9＝3となります。√ の中身は小さい数で割っていき、たとえば√40ならば40÷2÷2÷2余り5の形になり、二個セットになった数字を外に持っていきます。中身は外に出なかった2と5を掛けた数です。よって2√10ですね。

## 手順①

足し算、引き算では√ の外にあるものを計算する

たとえば

$$2\sqrt{3}+3\sqrt{3}=(2+3)\sqrt{3}=5\sqrt{3}$$

㋐ √ の外側のみを計算すればOK　　　㋺ 答えは5√3となる

引き算の場合は

$$3\sqrt{2}-1\sqrt{2}=(3-1)\sqrt{2}=2\sqrt{2}$$

㋐ √ の外側のみを引き算する　　　㋺ 答えは2√2となる

## 手順②

### 掛け算、割り算の場合は、ルートの中にある数を計算する

たとえば

$$\sqrt{5} \times \sqrt{3} = \sqrt{(5 \times 3)} = \sqrt{15}$$

㋑ √ の内側の数字を掛ける　　　㋺ 答えは√15となる

割り算の場合も

$$\sqrt{9} \div \sqrt{3} = \sqrt{(9 \div 3)} = \sqrt{3}$$

㋑ √ の内側の数字を割り算する　　㋺ 答えは√3となる

> √ の中身が大きくなると、数字を外に出すことができます
> ポイントは割り切れる小さい数字から割っていくことです。
> たとえば√20ならば… 20÷2＝10 10÷2＝5
> この場合、√ の中身は割り切れず残った「5」になります

外の数字は割った数の
2ですね

そう。なので、√20＝2√5となります

第3章　小学校上級編

---

## 計算してみよう

① $\sqrt{7} + 3\sqrt{7} =$　　② $\sqrt{5} + \sqrt{5} =$　　③ $5\sqrt{2} - 1\sqrt{2} =$

④ $4\sqrt{3} - 3\sqrt{3} =$　　⑤ $\sqrt{3} \times \sqrt{3} =$　　⑥ $\sqrt{2} \times \sqrt{2} =$

⑦ $\sqrt{5} \times \sqrt{2} =$　　⑧ $\sqrt{8} \div \sqrt{2} =$　　⑨ $\sqrt{12} \div \sqrt{4} =$

---

**答え**　①4√7　②2√5　③4√2　④√3　⑤3　⑥2　⑦√10　⑧2　⑨√3

# Part 6

# 連立方程式

POINT

「加減法」は、足し算や引き算によって
未知数の数を減らして値を求める方法です。
「代入法」は、代入して未知数の数を
減らして値を求める方法です。

## 解説

連立方程式は、「2つ以上の未知数がある方程式」のことです。

たとえば、$3x+2y=9$…… ①　　$x+y=4$……②

それぞれの方程式の未知数（$x$と$y$）には、同じ値が入ります。

## 手順①

### 加減法の解き方を覚えよう

■加減法は「2つの文字で、係数が同一の方が消えるように＋か－を選ぶ」

$$\begin{cases} 3x+2y=9 & ……① \\ x+y=4 & ……② \end{cases}$$

イ ①②の数式を引き算の
　ひっ算の形で並べる

ロ ②の数式を2倍して引き算

ハ 引き算の結果、$x=1$

$$\begin{array}{r} 3x+2y=9 \\ -)\ 2x+2y=8 \\ \hline x=1 \end{array}$$

ロ　　　ハ $x=1$

ニ これで$x$の値が分かったので、①にそれを代入する

$(3×1)+2y=9$

$3+2y=9$　　$2y=6$　　$y=3$　　　ホ よって、$x=1$、$y=3$となる

## 手順②

### 代入法の解き方を覚えよう

■代入法は「どちらかの式の左辺を1つの文字」にする

$$\begin{cases} y = x + 1 & \cdots\cdots\cdots\cdots\cdots ① \\ 3x - 2y = 5 & \cdots\cdots\cdots\cdots\cdots ② \end{cases}$$

(イ) ①より、$y$の値が「$x+1$」と分かっているので、それを②の式に代入する

(イ)
$$3x - 2(x + 1) = 5$$
$$3x - 2x - 2 = 5$$
$$x - 2 = 5$$
$$x = 7 \quad \text{(ロ) 計算して}x=7$$

(ハ) これを再度①に代入する

$$y = 7 + 1 = 8$$

(ニ) よって、$x=7$、$y=8$ となる

まずは$x$か$y$のどちらかを求めます！

---

## 計算してみよう

① $\begin{cases} 5x + 3y = 19 \\ 2x + y = 7 \end{cases}$  　② $\begin{cases} 3x + y = 14 \\ 2x + 6y = 20 \end{cases}$

③ $\begin{cases} x = 2y + 1 \\ 4x + 5y = 17 \end{cases}$  　④ $\begin{cases} 3x + 6y = 39 \\ y = x - 7 \end{cases}$

⑤ $\begin{cases} 2x + 2y = 6 \\ 6x + 5 = -7 \end{cases}$  　⑥ $\begin{cases} 3x - 4y = 35 \\ y = -x \end{cases}$

第3章　小学校上級編

---

**答え**　①$x=2$、$y=3$　②$x=4$、$y=2$　③$x=3$、$y=1$　④$x=9$、$y=2$　⑤$x=-2$、$y=5$　⑥$x=5$、$y=-5$

# 因数分解

因数分解するとは、
簡単にいうと「（カッコ）のない計算式」を
「（カッコ）を使った計算式」で
あらわすことです。

## 解説

足し算や引き算であらわされている数や文字式を"掛け算になおす"
ことも、因数分解を意味します。分かりやすくいうと、たとえば、
42という数を因数分解した場合、42＝6×7になります。

## 手順

"たすきがけ"そして、共通因数は（ ）の前に出してくくる

$$\overset{①}{acx^2} + (\overset{③}{ad} + bc)x + \overset{②}{bd}$$

たすきがけとは？
①$x^2$の係数は$a×c$の値　②定数項は$b×d$の値　③たすきがけで$x$の係数を確認

$abcd$の数字を求める

$$\overset{イ}{6x^2} + \overset{ハ}{5x} - \overset{ロ}{21} = (\overset{ニ}{2x} - 3)(3x + 7)$$

イ $x^2$の係数が6なので、
　積が6になる2つの数$a$と$c$を探す

ハ $x$の係数が5なので、たすきがけし、
　足した答えが5になる組み合わせを探す

ロ 定数項が－21なので、
　積が－21になる2つの数$b$と$d$を探す

ニ $(2x-3)(3x+7)$

# 計算してみよう

## 以下の式を因数分解してください。

① $x^2 + 5x + 6$

② $x^2 + 2x - 15$

③ $x^2 + 6x - 16$

④ $x^2 - 3x - 18$

⑤ $x^2 + 5x - 6$

⑥ $6x^2 + 7x - 20$

⑦ $4x^2 + 2x - 72$

⑧ $5x^2 + 22x + 8$

⑨ $8x^2 - 12x - 20$

⑩ $3x^2 + 6x - 9$

答えあわせの時は
式の展開(P72)を
参考にしてね!

**答え**　① $(x+2)(x+3)$　② $(x+5)(x-3)$　③ $(x+8)(x-2)$　④ $(x-6)(x+3)$
⑤ $(x-1)(x+6)$　⑥ $(3x-4)(2x+5)$　⑦ $(2x+9)(2x-8)$　⑧ $(5x+2)(x+4)$
⑨ $(4x+4)(2x-5)$　⑩ $(x+3)(3x-3)$

# つるかめ算

**P O I N T**

つるかめ算と連立方程式の解き方を学ぶと、同じ問題でも2通りの考え方が身につきます。つるとかめの数だけでなく、金額や時間、割合などを求める場合にも応用されます。

## 解説

つるかめ算は、全体数からそれぞれの数量を求める問題です。
たとえば、つるとかめの合計が30匹、足の数が合計96本の場合、
つるは12羽、かめは18匹になります。

## 手順

### 全てが片方（つる）の場合を仮定する

■つるとかめの合計が50匹、足の数が合計152本の場合のつるの数は

$$\overset{イ}{2} \times \overset{ロ}{50} = 100 (本)$$

$$152 - 100 = 52 (本)$$

$$\overset{ハ}{4} - 2 = 2 (本)$$

$$\overset{ニ}{52} \div 2 = 26 (匹)$$

$$\overset{ホ}{50} - 26 = 24 (羽)$$

イ つるの足の数は2本、かめの足の数は4本

ロ 「50匹全てがつるである」と仮定すると、実際の足の合計より52本足りないことが分かる

ハ つる1羽をかめ1匹に置き換えると、足の数は2本増える

ニ 足りない52本の足を増やすため、つるをかめに置き換えると、かめの数は26匹となる

ホ 全体数からかめの数を引くと、つるの数は24羽となる

# 計算してみよう

① つるとかめの合計が132匹、足の数が合計300本の場合、つるは何羽でしょうか。

② つるとかめの合計が281匹、足の数が合計598本の場合、かめは何匹でしょうか。

③ 100円のキウイと130円のグレープフルーツを合計32個購入したところ、3710円になりました。キウイは何個買ったでしょうか。

④ 5円玉と10円玉が合計45枚あり、合計金額は320円です。5円玉は何枚あるでしょう。

⑤ はるかさんの家から学校までは1800mあります。歩くと1分で70m、走ると1分で150m進める場合、20分で学校に着くには何分走ればよいでしょうか。

⑥ クイズで正解すると7点、不正解は3点マイナスになるというルールで、30問答えたところ、合計点は70点になりました。何問正解したでしょう。

**答え**　①114羽　②18匹　③15個　④26枚　⑤5分　⑥16問

第3章 小学校上級編

# 比の値

**POINT**

「比の値」は、比の前項÷比の後項を指します。
つまり、前項の後項に対する割合が比の値です。
「等しい比」とは、$2:3 (2÷3＝\dfrac{2}{3})＝4:6 (4÷6＝\dfrac{2}{3})$の
ように、計算上「＝」になった場合です。

## 解説

比の値は、「：」の前の数値÷「：」の後ろの数値を計算することで
導き出されます。たとえば3:5の比の値は「$3÷5＝\dfrac{3}{5}$」で、
9:15の比の値も「$9÷15＝\dfrac{9}{15}＝\dfrac{3}{5}$」です。
比率が同じであれば、両者をイコールで結ぶことができます。

## 手順

### 比の値、等しい比の意味をおさえよう

■1:10の比の値を求めましょう

$$1 \overset{イ}{÷} 10 ＝ \overset{ロ}{} \dfrac{1}{10}$$

イ 前項(1)を後項(10)で割る
ロ 比の値 $\dfrac{1}{10}＝\dfrac{前項1}{後項10}$ なので $1:10＝\dfrac{1}{10}$

■1:2　3:5　4:8　この中で等しい比を二つ選びましょう

すべての比の値を求めることで答えが導き出される

$$1:2＝\dfrac{1}{2} \qquad 3:5＝\dfrac{3}{5} \qquad 4:8＝\dfrac{4}{8}＝\dfrac{1}{2}$$

よって、等しい比は「1:2」と「4:8」となる

以下の比の値を求めなさい。

① 2:3 ＝

② 3:8 ＝

③ 4:8 ＝

④ 5:7 ＝

⑤ 6:18 ＝

「:」の左の数字を
右の数字で割る！

少数や分数でも考え方は同じですよ

次のア〜エのうち、等しい比を2つ選びなさい。

⑥ ア 3:5　イ 4:9　ウ 0.9:1.5　エ $\dfrac{3}{10}:\dfrac{3}{5}$

答え　① $\dfrac{2}{3}$　② $\dfrac{3}{8}$　③ $\dfrac{1}{2}$　④ $\dfrac{5}{7}$　⑤ $\dfrac{1}{3}$　⑥ アとウ

# 式の展開

P O I N T

式の展開を解くときは、
$a(b+c)=a×b+a×c=ab+ac$の
「分配法則」を
用いるのが基本です。

## 解説

「式の展開」の基本となる以下の3つの公式を覚えておくと便利です。

①$(x+a)(x+b)=x^2+(a+b)x+ab$

②$(a+b)^2=a^2+2ab+b^2$　③$(a+b)(a-b)=a^2-b^2$

## 手順

### 公式の展開、分配の法則、同類項のまとめの三段活用を行う

以下の式を展開させてみよう

$(x+1)(x+3)-3(2x+6)$

$=x^2+4x+3-3(2x+6)$

$=x^2+4x+3-6x-18$

$=x^2-2x-15$

㋑ $(x+1)(x+3)$は、公式①$(x+a)(x+b)$を使って展開させる

㋺ $-3(2x+6)$は分配法則で（　　）をはずす

㋩ 最後に同類項でまとめる。
この場合「$4x$」と「$-6x$」、「$3$」と「$-18$」が同類項

㊁ 同類項の係数同士を計算する

① $a(3+4)=$

② $a(2b+c)=$

③ $a(3a-2)=$

④ $(x+3)(x+5)=$

⑤ $(2x+6)(x-3)=$

⑥ $(4x-2)(3x-3)=$

⑦ $(x+6)2=$

⑧ $(3x+1)2=$

⑨ $(2x+3)(2x-3)=$

⑩ $(5x+4)(5x-4)=$

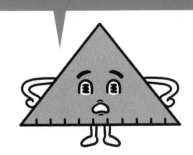

カッコの外側の数字や文字を
カッコ内のすべてに掛けましょう

第3章 小学校上級編

**答え** ① $7a$ ② $2ab+ac$ ③ $3a^2-2a$ ④ $x^2+8x+15$ ⑤ $2x^2-18$ ⑥ $12x^2-18x+6$
⑦ $2x+12$ ⑧ $6x+2$ ⑨ $4x^2-9$ ⑩ $25x^2-16$

# 図形の合同

## POINT

①3組の辺がそれぞれ等しい ②2組の辺とその間の角がそれぞれ等しい ③1組の辺とその両端の角がそれぞれ等しい のどれかに当てはまれば、2つの三角形は合同といえます。

## 解説

2つの図形の形状が一致した場合、それらの図形は"合同"です。

そして、合同となる図形の重なり合う点を「対応する点」、

辺を「対応する辺」、角を「対応する角」といいます。

## 手順

角や辺の表記は対応する順（互いが重なり合う順）に書く

■△ABCと、△DEFの合同条件をいいましょう

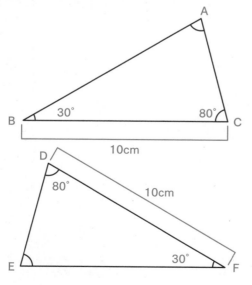

㋑ 辺BC＝辺DF、角B＝角F、角C＝角D

㋺「1組の辺とその両端の角がそれぞれ等しい」ので、△ABC≡△EFD（合同）といえる

㋩ 答え方は、「BC＝FD、∠B＝∠F、∠C＝∠D 1組の辺とその両端の角が等しいので、△ABC≡△EFD」

※「∠」は角度を意味する記号、「≡」は合同をあらわす記号です。

# 計算してみよう

以下の三角形から、合同な組をその条件とともに、すべて挙げてください。

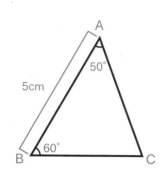

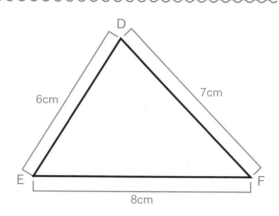

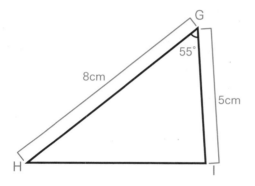

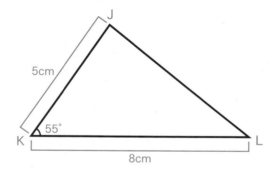

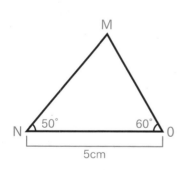

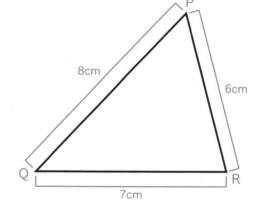

第3章　小学校上級編

**答え**

△ABCと△NOM
∠A＝∠N、∠B＝∠O、AB＝NO　　1組の辺とその両端の角が等しいので、△ABC≡△NOM
△DEFと△RPQ
DE＝RP、EF＝PQ、FD＝QR　　3組の辺がそれぞれ等しいので、△DEF≡△RPQ

△GHIと△KLJ
GH＝KL、GI＝KJ、∠G＝∠K　　2組の辺とその間の角がそれぞれ等しいので、△GHI≡△KLJ

# 人口密度の求め方

**POINT**

人口密度が問題として出されたときは、表記に気をつけてください。600（㎢）、12（万人）の場合、12÷600ではありません。正しくは、120000（人口）÷600（面積）ですので、200（人口密度）が正解となります。

## 解説

「人口密度」とは、1㎢あたりの人口のことで、人口密度＝人口÷面積で算出できます。たとえば、A市の人口が3000人で面積は30㎢なら、3000（人口）÷30（面積）＝100（密度）なので、人口密度は100人です。

## 手順

人口密度は上から2けたの「がい数」で。3けた目は四捨五入する

面積が53㎢、人口3.6万人の町の人口密度は

④　　　回四捨五入

$$36000 \div 53 = 679.\underset{\text{上から2けた}}{245}\cdots\cdots$$

④ 人口密度は上から2けたまで

回 679.245……2けた（67）は残して、3けた目の（9）を四捨五入し、繰り上げる

⑧ よって、答えは680人となる

自分が住む町の
人口密度を調べてみるのも
いいですね♪

## 計算してみよう

① 面積が30㎢、人口2.7万人の町の人口密度を求めてください。

② 面積が26㎢、人口7千人の町の人口密度を求めてください。

③ 面積が150㎢、人口7.5万人の町の人口密度を求めてください。

④ 面積が66㎢、人口10万人の町の人口密度を求めてください。

⑤ 面積が143㎢、人口12万人の町の人口密度を求めてください。

⑥ 人口6.5万人の町の人口密度が、1300人でした。
　 この町の面積を求めてください。

⑦ 人口3千人の町の人口密度が、200人でした。
　 この町の面積を求めてください。

⑧ 人口4.2万人の町の人口密度が、1000人でした。
　 この町の面積を求めてください。

⑨ 人口25万人の町の人口密度が、800人でした。
　 この町の面積を求めてください。

⑩ 人口40万人の町の人口密度が、5000人でした。
　 この町の面積を求めてください。

第3章　小学校上級編

**答え**　①900人　②270人　③500人　④1500人　⑤840人　⑥50㎢　⑦15㎢
　　　　 ⑧42㎢　⑨312.5㎢　⑩80㎢

# Part 13

# 角柱、円柱の体積

### POINT

角柱や円柱の体積は、
「底面積×高さ」で求めることができます。
すい体の体積は、
底面積×高さ×$\frac{1}{3}$ が公式です。

## 解説

角柱や円柱の体積を求めるには底面積×高さの公式を使いましょう。
表面積（P44-45）の求め方と
混同しないように気をつけてください。

## 手順

### 角柱、円柱どちらも底面積を先に求めよう

■辺の長さが6cm、3cm、高さ7cmの三角柱（立体）の体積を求めましょう

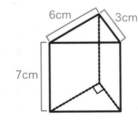

$$6×3÷2=9(cm^2)$$
底辺　高さ

$$9×7=63(cm^3)$$
底面積　高さ

㋐ 三角柱の底面積を求める
6×3÷2＝9

㋑ 底面積（9）×高さ（7）＝63（cm³）
が体積となる

■高さ8cm、半径4cmの円柱（立体）の体積を求めましょう

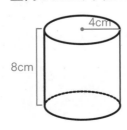

$$4×4×3.14=50.24(cm^2)$$
半径 半径 　円周率

$$50.24×8=401.92(cm^3)$$
底面積　　　高さ

㋐ 円の底面積を求める
4×4×3.14＝50.24

㋑ 底面積（50.24）×高さ8＝
401.92cm³が体積となる

以下の立体の体積を求めてください。

①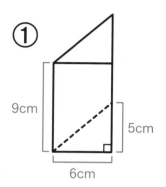

9cm
5cm
6cm

②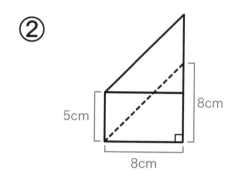

5cm
8cm
8cm

③

6cm
7cm

④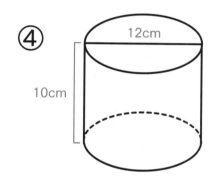

12cm
10cm

⑤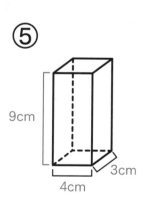

9cm
3cm
4cm

⑥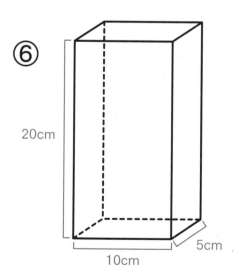

20cm
5cm
10cm

第3章　小学校上級編

**答え**　①135㎤　②160㎤　③197.82㎤　④1130.4㎤　⑤108㎤　⑥1000㎤

# 復習テスト

①算数のテスト結果です。6人の点数がそれぞれ、84点、79点、99点、94点、76点、81点でした。平均点数は何点ですか?

②0.69を百分率になおしてください。

③2.44を百分率になおしてください。

④500gの40%は何gですか。

⑤3日間の30%は何時間ですか。

⑥$9x \times 4 =$

⑦$8a \div \dfrac{2}{3} =$

⑧$(-11x) \div (-2) =$

⑨$12y \times 3 \div (-4) =$

⑩$22x \div (-2) - 3 =$

①A、B、C、D4種類のカードを順に並べるとき。何通りの並べ方があるでしょうか。

②1、2、3、4の整数を並べて3けたの整数をつくるとき、何通りの並べ方があるでしょうか。

③ $4\sqrt{5} + 3\sqrt{5} =$

④ $\sqrt{7} + \sqrt{7} =$

⑤ $8\sqrt{3} - 3\sqrt{3} =$

⑥ $\sqrt{6} \times \sqrt{6} =$

⑦ $\sqrt{3} \times \sqrt{5} =$

⑧ $\sqrt{9} \div \sqrt{3} =$

⑨ $\sqrt{12} \div \sqrt{6} =$

⑩ $\sqrt{15} \div \sqrt{3} =$

# 復習テスト

以下の$x$、$y$の値を求めてください。

① $3x+6y=30$
　　$x+4y=11$

② $3x+2y=13$
　　$6x+5y=32$

③ $4x+2y=14$
　　$3x-5y=17$

④ $6x+16y=-22$
　　$x-24y=-17$

以下の式を因数分解してください。

⑤ $x^2-3x-18$

⑥ $x^2-10x+16$

⑦ $x^2-\dfrac{1}{4}$

⑧ $x^2-\dfrac{11}{3}x-\dfrac{4}{3}$

⑨ $2x^2-17x-30$

⑩ $3x^2+16x-12$

以下の比の値を求めてください。

①5:7＝

②8:13＝

③9:18＝

④14:42＝

次のア～エのうち、等しい比を2つ選んでください。

⑤ア 4:9　イ 13:26　ウ 0.12:0.27　エ $\dfrac{2}{5}:\dfrac{4}{9}$

次の式を展開してください。

⑥$(x+2)4＝$

⑦$3(11+a)＝$

⑧$6x(4x+6)＝$

⑨$(x+5)(x-6)＝$

⑩$(3a+5)(x+5)＝$

⑪$(8x-4)(2x-6)＝$

⑫$(10x+8)(2x-4)＝$

以下の三角形から、合同な組をその条件とともに、
すべて挙げてください。

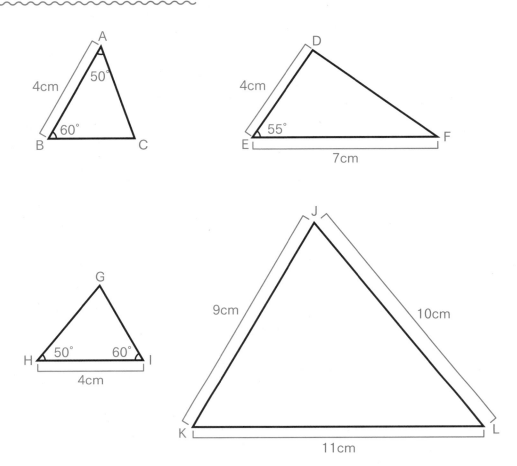

次の問題を解いてみましょう

①自転車と車の合計が111台、タイヤの数が
　合計292個の場合、自転車は何台でしょうか。

②ゆうたさんの家から駅までは2790mあります。
　歩くと1分で90m、走ると1分で170m進める場合、
　23分で駅に着くには何分走ればよいでしょうか。

①面積が50km²、人口25万人の町の人口密度を求めてください。

②面積が200km²、人口420万人の町の人口密度を求めてください。

③面積が130km²、人口57万人の町の人口密度を求めてください。

④面積が16km²、人口8万人の町の人口密度を求めてください。

⑤人口3.5万人の町の人口密度が70人でした。この町の面積を求めてください。

⑥人口27万人の町の人口密度が300人でした。この町の面積を求めてください。

⑦人口1.38万人の町の人口密度が46人でした。この町の面積を求めてください。

⑧人口115.4万人の町の人口密度が577人でした。この町の面積を求めてください。

以下の立体図形の体積を求めてください。

①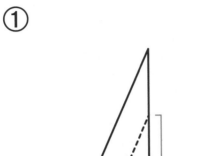

5cm
9cm
4cm

②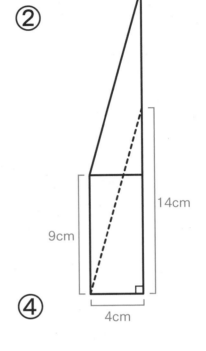

9cm
14cm
4cm

③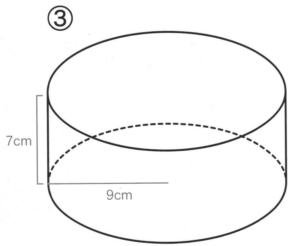

7cm
9cm

④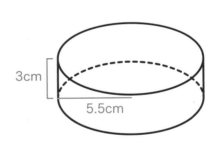

3cm
5.5cm

⑤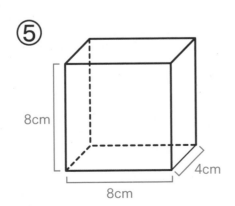

8cm
8cm
4cm

⑥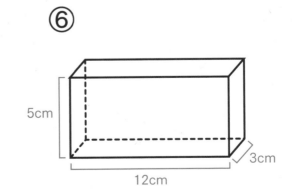

5cm
12cm
3cm

## 解答

◇P80

①85.5点　②69%　③244%　④200g　⑤21.6時間　⑥$36x$　⑦$12a$

⑧$\dfrac{11x}{2}$　⑨$-9y$　⑩$-11x-3$

◇P81

①24通り　②24通り　③$7\sqrt{5}$　④$2\sqrt{7}$　⑤$5\sqrt{3}$　⑥6　⑦$\sqrt{15}$　⑧$\sqrt{3}$

⑨$\sqrt{2}$　⑩$\sqrt{5}$

◇P82

①$x=9、y=\dfrac{1}{2}$　②$x=\dfrac{1}{3}、y=6$　③$x=4、y=-1$　④$x=-5、y=\dfrac{1}{2}$

⑤$(x+3)(x-6)$　⑥$(x-2)(x-8)$　⑦$(x+\dfrac{1}{2})(x-\dfrac{1}{2})$

⑧$(x-4)(x+\dfrac{1}{3})$　⑨$(2x+3)(x-10)$　⑩$(x+6)(3x-2)$

◇P83

①$\dfrac{5}{7}$　②$\dfrac{8}{13}$　③$\dfrac{1}{2}$　④$\dfrac{1}{3}$　⑤ア、ウ　⑥$4x+8$　⑦$3a+33$

⑧$24x^2+36x$　⑨$x^2-x-30$　⑩$3ax+15a+5x+25$　⑪$16x^2-56x+24$

⑫$20x^2-24x-32$

◇P84

△ABCと△HIG

∠A＝∠H、∠B＝∠I、AB＝HI　1組の辺とその両端の角が等しいので、

△ABC≡△HIG

①76台　②9分

◇P85

①5000人　②21000人　③4400人　④5000人　⑤500㎢

⑥900㎢　⑦300㎢　⑧2000㎢

◇P86

①90㎤　②252㎤　③1780.38㎤　④284.955㎤　⑤256㎤　⑥180㎤

# 第4章
# ざっくりと学べる
# 中学校編

ここまで小学校の算数を勉強しなおしてきて、

「手法をキチンと使えば答えが明確に出る」

ことの楽しさを知ってもらえたと思います。

中学校では算数から「数学」に教科名が変わりますが、

順を追って問題を解くことに変わりはありません。

本章では比例と反比例や、2次方程式、

証明や三平方の定理など、これぞ算数（数学）とも

いうべきテーマが出てきます。

まずは基本に忠実に、手順を確認しながら

問題に向き合っていきましょう。

## 比例、反比例をマスターしよう

■8個で240gとなるボールがあります。個数と重さが比例するとき、600gの場合の個数は?

| 個数 | 1個 | 2個 | 3個 | 4個 | … | 8個 | … | 20個 |
|------|-----|-----|-----|-----|---|-----|---|------|
| 重さ | 30g | 60g | 90g | 120g | … | 240g | … | 600g |

④⑦ $y=a×x$　$x=8$　$y=240$　$240=a×8$
$a=30$　$y=30×x$　「30」が
比例定数となる。
では重さが600gの場合は、
※ $600=30×x=20$(個)

㋑ ボールの個数を$x$個、重さを$y$gとする
㋺ $x$と$y$は比例の関係になるので、$y=a×x$とする
㋩ $x=8$のとき、$y=240$なので、$y=a×x$の式に代入
㊁ $240=a×8$　$a=30$　よって、$y=30×x$が比例の式となる
㋭ ここで$y=600$をこの式に代入すると、$600=30×x=20$(個)となる

## 証明問題にもチャレンジ

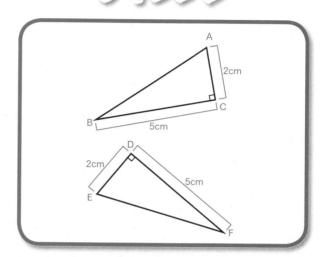

## サイズは違うけど実は「相似」の三角形?

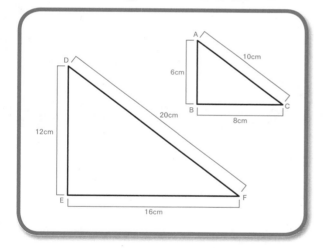

## 円すいの体積の求め方

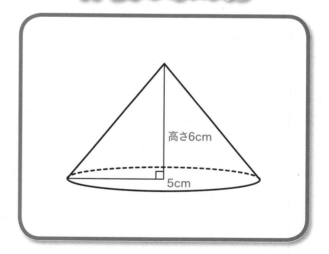

基本をおさえれば中学の数学もへっちゃら!

# 比例と反比例

POINT

「$y=$ 定数 $\times x$」が"比例"をあらわす式、
「$y=$ 定数 $\div x$」が"反比例"をあらわす式です。
この定数は、$y \div x$、$y \times x$で
求めることができます。

## 解説

ある数量が2倍、3倍と増えたとき、一方の数量も同様に2倍、3倍に
なる関係性を「比例」といいます。一方の数量は2倍、3倍になって、
もう一方の数量が $\dfrac{1}{2}$ 倍、$\dfrac{1}{3}$ 倍になっていくことを「反比例」といいます。

## 手順①

### 比例は $x$ と $y$ が増える

■8個で240gとなるボールがあります。個数と重さが比例するとき、600gの場合の個数は？

| 個数 | 1個 | 2個 | 3個 | 4個 | … | 8個 | … | 20個 |
|---|---|---|---|---|---|---|---|---|
| 重さ | 30g | 60g | 90g | 120g | … | 240g | … | 600g |

$y=a \times x$　$x=8$　$y=240$　$240=a \times 8$
$a=30$　$y=30 \times x$　「30」が
比例定数となる。
では重さが600gの場合は、
$600=30 \times x = 20$ （個）

㋑ ボールの個数を $x$ 個、重さを $yg$ とする

㋺ $x$ と $y$ は比例の関係になるので、$y=a \times x$ とする

㋩ $x=8$ のとき、$y=240$ なので、$y=a \times x$ の式に代入

㋥ $240=a \times 8$　$a=30$　よって、$y=30 \times x$ が比例の式となる

㋭ ここで $y=600$ をこの式に代入すると、$600=30 \times x = 20$（個）となる

## 手順②

反比例は$x$が2、3、4…倍に、$y$は$\frac{1}{2}$倍、$\frac{1}{3}$倍、$\frac{1}{4}$倍…に

■縦$x$cm、横$y$cmの「四角形」の面積が16㎠で、
　$y$は$x$に反比例しています。$x$と$y$の関係を式であらわしてみましょう

$y$が$x$に反比例するときは、$y=$定数（16）$\div x$となる。よって、$y=16\div x$が正解

このとき（ひっかけ問題の場合など）、式が掛け算になることも。

それは反比例ではなく、比例の問題なので注意しよう　　答え$y=16\div x$

## 計算してみよう

① 10個で400gのボールがあります。ボールの個数と重さが
　比例するとき、このボール960gの場合の個数を求めてください。

② 長さ5mのリボンを300円で購入しました。リボンの長さと金額
　が比例するとき、このリボン30メートル分の料金を求めてください。

③ スタート地点から車で一定のスピードのまま走り、12時間で600km
　先まで到達しました。同じ時速で走った場合、スタート地点から
　900km先に到達するには何時間必要でしょうか。

④ 家のお風呂は、毎分5ℓでお湯を入れると、15分で浴槽がいっぱい
　になります。毎分3ℓでお湯を入れた場合、浴槽がいっぱいに
　なるのに何分かかりますか。

⑤ 120個のアメを、何人で分けたら、1人あたり5個になるでしょうか。

⑥ 面積が18㎠の三角形があります。底辺の長さを$x$、高さを$y$とした
　場合、$x$の値が2のときと6のときの高さを求めてください。

**答え**　①24個　②1800円　③18時間　④25分　⑤24人　⑥18cm、6cm

# 1次関数

⬤P O I N T

「1次関数」$y=ax+b$は、
「比例の式」$y=ax$に"$b$"が
加えられた式
（$b=0$のとき比例の式になる）です。

## 解説

$y=ax+b$であらわされるように、$y$が$x$の"1次式"であるとき、
「$y$は$x$の1次関数」となります。この場合、$a$は"変化の割合（傾き）"
$b$は"切片（せっぺん）"という名称で呼ばれます。

## 手順

### 1次関数の式であらわしてみよう

■1個60円のコロッケを"何個か"と、150円のメンチカツを1個買うときの代金を考えましょう

この問題を1次関数の式にあてはめる　　1次関数 $y=\overset{\text{コロッケ}}{a}x+\overset{\text{メンチカツ}}{b}$

| 個数 | 1個 | 2個 | 3個 |
|---|---|---|---|
| 代金 | 60×1+150=210 | 60×2+150=270 | 60×3+150=330 |

⬤2倍 ⬤3倍（上）
⬤2倍じゃない ⬤3倍じゃない（下）

㋑ コロッケの個数が2倍、
3倍になるのに対して、
代金は2倍、3倍になっていない

㋺ 比例の式は$y=ax$だが、この場合、
$y=ax+b$という式になる。
$b$はメンチカツがプラスされた分

㋩ コロッケの個数を$x$個、
代金を$y$円とすると、
この場合の式は、
$y=60x+150$となる

## 計算してみよう

① 1個80円の豆腐を何個か**購入**し、1本150円の醤油を
2本**買う**ときの代金について、1次関数の式を求めてください。

② 1人200円のカンパを社員何人かが行い、部長から5000円のカンパ
をもらった場合の合計額について、1次関数の式を求めてください。

③ 1本120円のボールペンを何本か**購入**し、1個150円の消しゴムを
3個**買う**ときの代金について、1次関数の式を求めてください。

④ 1枚150gのステーキを何枚か**食べ**、さらに1杯200gの白米を食べた
ときの総重量について、1次関数の式を求めてください。
また、ステーキを2枚食べたときの総重量は何gですか。

⑤ 1mあたり65円の白い布を何mか**購入**し、さらに1セット1200円の
裁縫セットを1つ**購入**したときの代金について、
1次関数の式を求めてください。
また、白い布を12m購入したときの代金はいくらになりますか。

> bが0（ゼロ）の場合は、
> 1次関数ではなく比例の式になりますよ〜

**答え**　①$y=80x+300$　②$y=200x+5000$　③$y=120x+450$　④$y=150x+200$、500g
　⑤$y=65x+1200$、1980円

第4章　中学校編

# 座標の求め方

POINT

2直線の式の連立方程式を解いて
交点の座標を求めていきましょう。
$x$、$y$のどちらかを先に求めて、
残った記号に入る値を導きます。

## 解説

$y=-x+3$……①、$y=2x-5$……②の座標を求める場合、

①②のどちらも$y$を示しているので$-x+3=2x-5$と言えます。

ここから$x$を求めていき、さらに①の式に$x$の値を代入して$y$を求めます。

## 手順

### 求められた$x$と$y$の値が、交点の座標

■2直線があり、それぞれの直線の式は、$y=-x+3$と$y=2x-5$です。
この2直線の交点の座標を求めましょう

$$y=-x+3 \quad\cdots\cdots\cdots① $$
$$y=2x-5 \quad\cdots\cdots\cdots② $$

㋑ $-x+3=2x-5 \quad -3x=-5-3$

㋺ $-3x=-8 \quad x=\dfrac{8}{3}$

㋩ $x=\dfrac{8}{3}$ を①に代入すると

㋥ $y=-\dfrac{8}{3}+3=\dfrac{1}{3}$ 答え $\dfrac{8}{3}$、$\dfrac{1}{3}$

㋑ 代入法で解く。①の式は
$y=-x+3$なので、②の式の
$y$に$-x+3$を代入

㋺ すると、$x=\dfrac{8}{3}$になる

㋩ この$x=\dfrac{8}{3}$を①に代入して

㋥ $y=-\dfrac{8}{3}+3=\dfrac{1}{3}$となる

以下それぞれの$x$、$y$の値を求めてください。

① $y = -3x + 4$
$y = 2x - 2$

② $y = 6x + 1$
$y = 3x - 3$

③ $y = 4x - 3$
$y = x + \dfrac{2}{5}$

④ $y = 2x + 9$
$y = 5x - 5$

⑤ $y = x + 2$
$y = 2x - 3$

⑥ $y = 8x + 2$
$y = 4x + 3$

⑦ $y = 11x + 11$
$y = 8x - 6$

⑧ $y = \dfrac{1}{2}x + 1$
$y = \dfrac{3}{2}x - 3$

⑨ $y = -6x + 3$
$y = -2x - 3$

⑩ $y = -9x - 2$
$y = 3x + 5$

**答え**

① $\dfrac{6}{5}$、$\dfrac{2}{5}$　② $-\dfrac{4}{3}$、$-7$　③ $\dfrac{17}{15}$、$\dfrac{23}{15}$　④ $\dfrac{14}{3}$、$\dfrac{55}{3}$　⑤ $5$、$7$　⑥ $\dfrac{1}{4}$、$4$

⑦ $-\dfrac{17}{3}$、$-\dfrac{154}{3}$　⑧ $4$、$3$　⑨ $\dfrac{3}{2}$、$-6$　⑩ $-\dfrac{7}{12}$、$\dfrac{13}{4}$

第4章 中学校編

# 2次方程式

まずは、因数分解を利用して
挑戦してみましょう。解けない場合は、
次の解の公式を用いて解くことができます。
$ax^2+bx+c=0\,(a\neq0)$の解は

$$x=\frac{-b\pm\sqrt{b^2-4ac}}{2a}$$

## 解説

ポイントにもありますが、2次方程式の解き方は2通りあります。まず、因数分解を利用する方法、もう1つは解の公式を使う方法です。基本問題のキーワードは、左辺の2乗を消して、右辺に±√をつけることです。

## 手順①

### 因数分解で解いてみよう

$x^2-18x-40=0$

$x^2-18x-40=(x+2)(x-20)$

$x+2=0$ または $x-20=0$

$x=-2、20$

ⓘ $x^2$の係数が1なので、
積が1となる数字$a$と$c$を探す

ⓡ 定数項が−40なので、
積が−40となる数字$b$と$d$を探す

ⓗ $x$の係数が−18なので、
足した答えが−18となる
組み合わせを探す

因数分解は66ページで解説しましたよね

$(x+a)(x+b)$の形にするんでしたね♪

## 手順②

### 解の公式を使ってみよう

$$1x^2 + 4x + 3 = 0$$
<small>a     b     c</small>

$$x = \frac{-4 \pm \sqrt{4^2 - 4 \times 1 \times 3}}{2 \times 1}$$

$$x = \frac{-4 \pm \sqrt{4}}{2}$$

$$x = \frac{-4 \pm 2}{2}$$

$$x = -1,\ -3$$

イ 最初に2次方程式の係数を確認
$a = 1$　$b = 4$　$c = 3$

ロ この係数を「解の公式」に代入する
$ax^2 + bx + c = 0$

$$x = \frac{-b \pm \sqrt{b^2 - 4ac}}{2a}$$

ハ 代入した式を計算する

ニ 答えは　$-1$、$-3$

---

## 計算してみよう

### $x$の値を求めてください。

① $x^2 - x - 6 = 0$　　② $x^2 - 13x + 40 = 0$

③ $x^2 - x - 72 = 0$　　④ $x^2 + 8x + 12 = 0$

⑤ $x^2 + 20x - 44 = 0$　　⑥ $3x^2 - 10x - 8 = 0$

**答え**　① $-2$、$3$　② $8$、$5$　③ $9$、$-8$　④ $-6$、$-2$　⑤ $2$、$-22$　⑥ $-\frac{2}{3}$、$4$

# 証明

> ## POINT
>
> 最初に証明する事項、
> そして仮定、さらに合同条件を示して、
> 最後に結論である
> 「証明」を提示します。

## 解説

2つの三角形が合同であることを証明したい場合は、

仮定条件を示し、それに合わせて合同の条件を明示し、結論を記載します。

解答は日本語で記載するので、意味の通りやすい言葉を選びましょう。

## 手順

### 仮定〜証明までの流れを理解しよう

■下の2つの三角形において、BC＝FDの場合、△ABC≡△EFDであることを証明しましょう

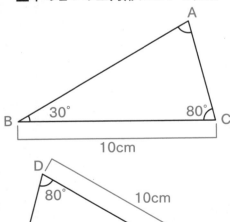

（イ）△ABC≡△EFDにおいて
（最初にどの三角形の合同を証明するか書く）

（ロ）仮定より、BC＝FD…①
（すでに分かっていることを書く）

（ハ）対頂角は等しい　∠ABC＝∠EFD…②

（ニ）さらにもう一方の対頂角も等しい　∠BCA＝∠FDE…③

（ホ）①②③より1組の辺とその両端の角が
それぞれ等しい（三角形の合同条件を書く）

（ヘ）△ABC≡△EFD（結論を書いて証明完了）

①下の2つの三角形において、
△ABC≡△EFDであることを証明しましょう。

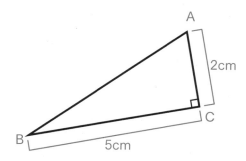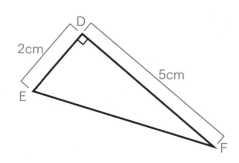

②下の2つの三角形において、
△ABC≡△FDEであることを証明しましょう。

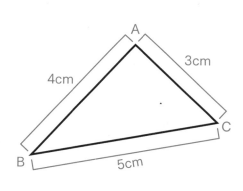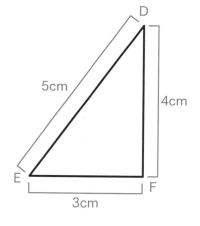

答え

①△ABCと△EFD
仮定より、BC＝FD、AC＝ED　また、∠C＝∠D
2組の辺とその間の角がそれぞれ等しいので、△ABC≡△EFD

②△ABCと△FDE
仮定より、AB＝FD、BC＝DE、CA＝EF
3組の辺がそれぞれ等しいので、△ABC≡△FDE

# Part6

# 三平方の定理

三平方の定理「a²+b²=c²」は、別名ピタゴラス
の定理とも呼ばれます。この定理では、
直角三角形の2辺の長さが分かれば、
残りの辺の長さが分かります。

## 解説

斜辺の長さがc、その他の辺がa、bの直角三角形は、三平方の定理で
「a²+ b²=c²」になります。また、30°、60°、90°の
角を持つ直角三角形の3辺の比は「1:2:√3」となります。

## 手順

### 公式を用いて問題を解いてみよう

■Cの値を求めましょう

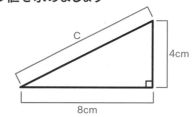

㋑ 三平方の定理（a²+b²=c²）により、4²＋8²＝c²
㋺ 16＋64＝c²＝80
c>0なので ※辺の長さなのでcがマイナスになることはない！
㋩ c＝√80＝4√5

■斜辺10cm、1辺が6cmの場合、もう1辺の長さを求めてみましょう

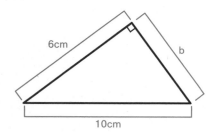

㊁ 三平方の定理により、6²＋b²＝10²
㋭ 36＋b²＝100　b²＝64
㋬ b＝8
最後の1辺は8cm

## それぞれの辺の長さ$x$を求めてください。

①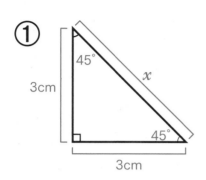
45° 3cm 45° 3cm $x$

②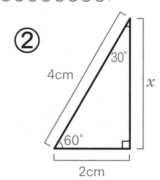
30° 60° 4cm $x$ 2cm

③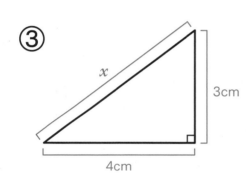
$x$ 3cm 4cm

④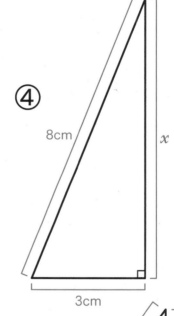
8cm $x$ 3cm

⑤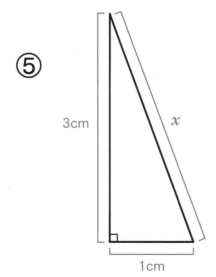
3cm $x$ 1cm

⑥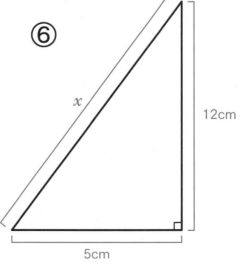
$x$ 12cm 5cm

# 図形の相似

POINT

相似する図形を見極めるときのキーワードは、「対応する辺（重なる辺）の長さの比はすべて等しい」「対応する角（重なる角）の大きさはそれぞれ等しい」です。

## 解説

一定の割合で拡大縮小した図形を、"相似（そうじ）"といいます。大きさは違っても形状が同一の図形は「相似の図形」であるということです。また、比が等しいことをあらわした式 A:B＝C:Dを「比例式」といいます。

## 手順①

対応する辺の長さ（相似比・そうじひ）は、どれも、すべて等しい

■△ABCと△DEFの相似比を求めましょう

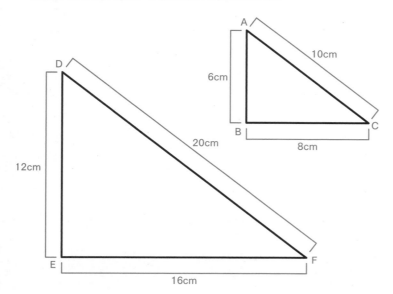

㋑ 相似比は対応する辺の長さのこと

㋺ 辺CA（10cm）に対応するのは、辺FD（20cm）

㋩ よって、相似比は10:20＝1:2 他の辺の相似比も同様

# 手順②

## 相似比が分かれば、他辺の長さも判明する

■△ABCと△DEFが相似であるとき、辺DEの長さを求めましょう

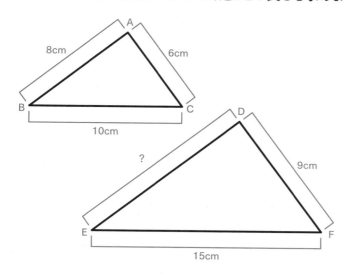

- ㋑ BCとEFから相似比を計算する
  10:15＝2:3

- ㋺ ABの長さが8cmなので、
  8:DE＝2:3

- ㋩ $\dfrac{8}{DE} = \dfrac{2}{3}$

- ㊁ DEの長さは12cm

## 計算してみよう

①△ABCと△DEFが相似です

ア）△ABCと△DEFの相似比を求めてください。

イ）辺DFの長さを求めてください。

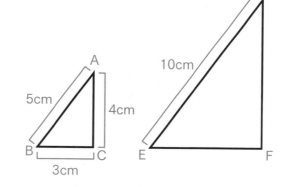

②△ABCと△DEFが相似です

ウ）△ABCと△DEFの相似比を求めてください。

エ）辺ABの長さを求めてください。

オ）∠Dの角度を求めてください。

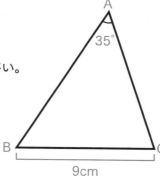

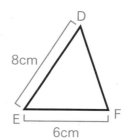

答え　①ア）1:2　イ）8cm　②ウ）3:2　エ）12cm　オ）35°

# 円すいの体積

**P O I N T**

円すいといった空間図形の「体積」は、底面積×高さ×$\frac{1}{3}$ の式を用います。「表面積」を求める場合は、側面積＋底面積です。体積のときだけ、$\frac{1}{3}$ を掛けるのを忘れないでください。

## 解説

柱体の体積の式は、底面積×高さですので、問題を解くときはケアレスミスに気をつけましょう。ここでは円すいの体積の求め方「底面積（半径×半径×3.14）×高さ×$\frac{1}{3}$」を主に覚えていきましょう。

## 手順

底面積×高さ×$\frac{1}{3}$ の式を使って体積を求めてみよう

$$\underset{\text{底面積}}{\underline{5×5×3.14}}×\underset{\text{高さ}}{\underline{6}}×\frac{1}{3}=157\text{cm}^3$$

高さ6cm

5cm

㋑ 円すいの体積は、底面積×高さ×$\frac{1}{3}$ で求められる

㋺ 底面積は5×5×3.14＝78.5
高さを掛けて78.5×6＝471

㋩ 最後に $\frac{1}{3}$ を掛けて157（cm³）

三角すい、四角すいの体積も、
底面積（半径×半径×3.14）×高さ×$\frac{1}{3}$で求められますよ！

以下のすい体の体積を求めてください。

①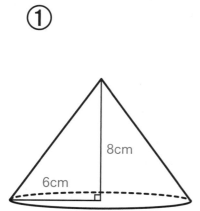

②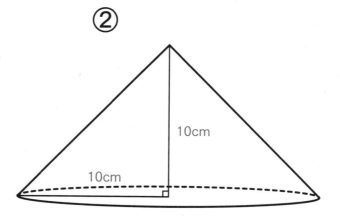

③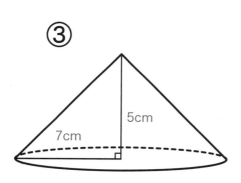

④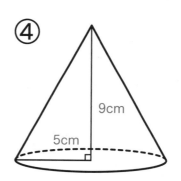

⑤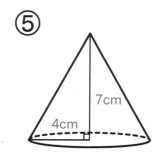

⑥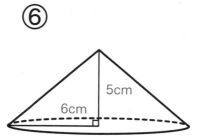

第4章　中学校編

# 復習テスト

①8個で360gのボールがあります。ボールの個数と重さが比例するとき、このボール585gの場合の個数を求めてください。

②長さ6mのリボンを420円で購入しました。リボンの長さと金額が比例するとき、このリボン22m分の料金を求めてください。

③スタート地点から車で一定のスピードのまま走り、3時間で213km先まで到達しました。同じ時速で走った場合、スタート地点から568km先に到達するには何時間必要でしょうか。

④家のお風呂は、毎分4.5リットルでお湯を入れると、22分で浴槽がいっぱいになります。毎分3.3リットルでお湯を入れた場合、浴槽がいっぱいになるのに何分かかりますか。

⑤アメを30人で分けたら、一人あたり3個になりました。アメの総数はいくつですか。

⑥面積が96㎠の三角形があります。底辺の長さを$x$、高さを$y$とした場合、$x$の値が4のときと16のときの高さを求めてください。

⑦面積が144㎠の長方形があります。縦の長さを$x$、横の長さを$y$とした場合、$x$の値が6のときと12のときの高さを求めてください。

⑧$x$kgの荷物を3人で持ったとき、一人あたりの負荷が24kgでした。この荷物を8人で持ったとき、一人あたりの負荷は何kgでしょうか。

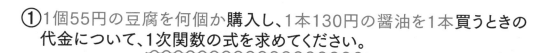

① 1個55円の豆腐を何個か購入し、1本130円の醤油を1本買うときの代金について、1次関数の式を求めてください。

② 1人2000円のカンパを社員何人かが行い、部長から10000円のカンパをもらった場合の合計額について、1次関数の式を求めてください。

③ 1本148円のボールペンを何本か購入し、1個98円の消しゴムを4個買うときの代金について、1次関数の式を求めてください。

④ 1枚130gのステーキを何枚か食べ、さらに1杯100gの白米を2杯食べたときの総重量について、1次関数の式を求めてください。
また、ステーキを3枚食べたときの総重量は何gですか。

⑤ 1mあたり59円の白い布を何mか購入し、さらに1セット1640円の裁縫セットを1つ購入したときの代金について、1次関数の式を求めてください。
また、白い布を8m購入したときの代金はいくらになりますか。

以下のx、yの値を求めてください。

⑥ $y=x+6$
$y=4x+9$

⑦ $y=3x-4$
$y=x-7$

⑧ $y=13x+6$
$y=7x-15$

⑨ $y=\frac{2}{3}x+1$
$y=\frac{9}{5}x-3$

⑩ $y=-8x-8$
$y=-4x-19$

以下の$x$の値を求めてください。

① $x^2 - 9x + 20 = 0$

② $x^2 + 14x + 48 = 0$

③ $x^2 + \dfrac{13}{2}x + 3 = 0$

④ $x^2 + x - 90 = 0$

⑤ $2x^2 - 9x - 18 = 0$

⑥ $3x^2 - 5x - 28 = 0$

⑦ $36x^2 - 1 = 0$

⑧ $8x^2 - 14x - 15 = 0$

⑨ $3x^2 + 9x - 54 = 0$

⑩ $4x^2 - 30x + 56 = 0$

① 下の２つの三角形において、△ABC≡△DEFで あることを証明しましょう。

以下の図形の辺の長さ$x$を求めて下さい。

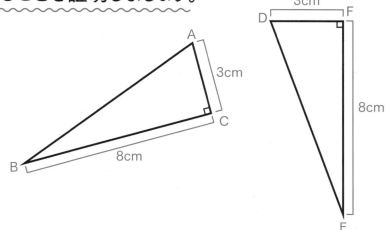

② $x$　3cm　9cm

③ 4cm　1cm　$x$

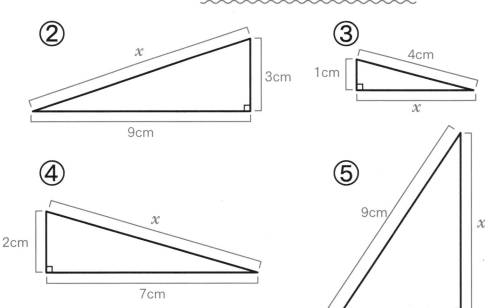

④ 2cm　$x$　7cm

⑤ 9cm　$x$　7cm

以下の①②でそれぞれが相似の関係の場合、それぞれの相似比と、辺の長さxを求めてください。

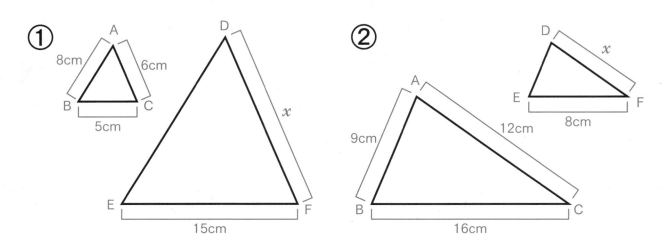

以下のすい体の体積を求めてください。

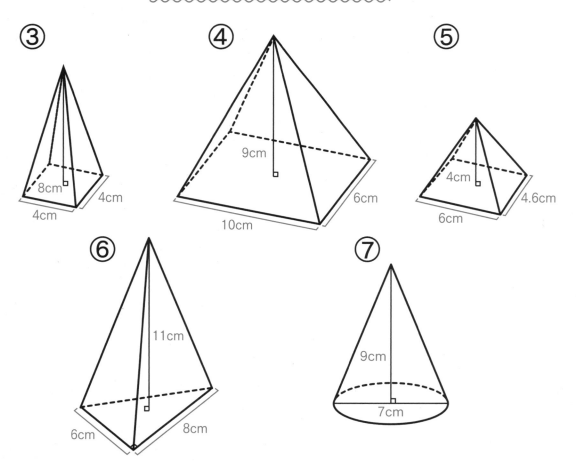

# 解答

◇P106

①13個　②1540円　③8時間　④30分　⑤90個　⑥48cm、12cm

⑦24cm、12cm　⑧9kg

◇P107

①$y=55x+130$　②$y=2000x+10000$　③$y=148x+392$

④$y=130x+200$、590g　⑤$y=59x+1640$、2112円　⑥$x=-1$、$y=5$

⑦$x=-\dfrac{3}{2}$、$y=-\dfrac{17}{2}$　⑧$x=-\dfrac{7}{2}$、$y=-\dfrac{79}{2}$　⑨$x=\dfrac{60}{17}$、$y=\dfrac{57}{17}$

⑩$x=\dfrac{11}{4}$、$y=-30$

◇P108

①4、5　②−6、−8　③$-\dfrac{1}{2}$、−6　④9、−10　⑤$-\dfrac{3}{2}$、6　⑥4、$-\dfrac{7}{3}$

⑦$-\dfrac{1}{6}$、$\dfrac{1}{6}$　⑧$-\dfrac{3}{4}$、$\dfrac{5}{2}$　⑨3、−6　⑩$\dfrac{7}{2}$、4

◇P109

①△ABC≡△DEFにおいて、仮定よりBC＝EF…①、またCA＝FD…②、また∠BCA＝∠EFD…③。①②③より、2組の辺とその間の角がそれぞれ等しい。よって△ABC≡△DEF

②$3\sqrt{10}$　③$\sqrt{15}$　④$\sqrt{53}$　⑤$4\sqrt{2}$

◇P110

①1：3、18cm　②2：1、6cm　③42.7㎤　④180㎤　⑤36.8㎤

⑥88㎤　⑦115.395㎤

監修：**竹内 薫**（たけうち・かおる）

1960年東京都生まれ。東京大学教養学部教養学科、東京大学理学部理学科を卒業。マギル大学大学院博士課程修了。「たけしのコマ大数学科」（フジテレビ系）解説担当や、「サイエンスZERO」（Eテレ）ナビゲーターなどメディア露出多数。現在はトライリンガル教育を実施するフリースクール「YESインターナショナルスクール」にて校長を務める。著書に『10年後の世界を生き抜く 最先端の教育』（共著・祥伝社）、『人体について知っておくべき100のこと』（小学館）など多数。

## 小学校6年分＋中学校3年分
# 大人の算数やりなおしドリル
## 改訂版

2021年4月26日初版発行
2024年8月20日第3版発行
発行人　　笠倉伸夫
編集人　　海藤 哲
発行所　　株式会社笠倉出版社
〒110-8625 東京都台東区東上野2-8-7 笠倉ビル
TEL 0120-984-164（営業）
TEL 0120-679-335（編集）

印刷・製本　株式会社光邦
©KASAKURA Publishing 2021 Printed in JAPAN

ISBN 978-4-7730-6129-1

●執筆：永田明輝
●編集：株式会社ピーアールハウス
●デザイン：鷲山直樹
●イラスト：オオノマサフミ